图灵程序设计丛书

算法图解

Grokking Algorithms, Second Edition

（第 2 版）

U0262390

[美] 阿迪蒂亚·Y. 巴尔加瓦（Aditya Y. Bhargava）◎ 著
袁国忠 ◎ 译

人民邮电出版社
北京

图书在版编目（CIP）数据

算法图解 / （美）阿迪蒂亚·Y.巴尔加瓦
(Aditya Y. Bhargava) 著；袁国忠译. -- 2 版.
北京 ：人民邮电出版社，2024. --（图灵程序设计丛书）.
ISBN 978-7-115-64970-6

Ⅰ. TP301.6-64

中国国家版本馆 CIP 数据核字第 2024XW0771 号

内 容 提 要

本书示例丰富，图文并茂，以简明易懂的方式阐释了算法，旨在帮助程序员在日常项目中更好地利用算法为软件开发助力。前三章介绍算法基础，包括二分查找、大 O 表示法、两种基本的数据结构以及递归等。余下的篇幅主要介绍应用广泛的算法，具体内容包括：面对具体问题时的解决技巧，比如何时采用分而治之、贪婪算法或动态规划，哈希表的应用，图和树算法，K 最近邻算法等。这一版将示例代码更新到了 Python 3，并新增了两章专门讨论树，加之诸多修订，使得内容更加完善。

本书适合程序员、计算机专业相关师生以及对算法感兴趣的读者阅读。

◆ 著   [美] 阿迪蒂亚·Y. 巴尔加瓦（Aditya Y. Bhargava）
  译   袁国忠
  责任编辑 张卫国
  责任印制 胡 南

◆ 人民邮电出版社出版发行   北京市丰台区成寿寺路 11 号
  邮编 100164   电子邮件 315@ptpress.com.cn
  网址 https://www.ptpress.com.cn
  固安县铭成印刷有限公司印刷

◆ 开本：800×1000 1/16
  印张：15.75   2024 年 9 月第 2 版
  字数：372 千字   2025 年 4 月河北第 3 次印刷
  著作权合同登记号   图字：01-2023-6104 号

定价：69.80元

读者服务热线：(010)84084456-6009   印装质量热线：(010)81055316
反盗版热线：(010)81055315

版 权 声 明

本书第 1 版获得的赞誉

本书完成了一个不可能完成的任务：让数学变得有趣而易懂！

—— Sander Rossel，COAS Software Systems 公司

你渴望像看喜欢的小说一样学习算法吗？如果是这样，本书正是你梦寐以求的！

—— Sankar Ramanathan，Netflix 公司

在当今的世界，使用算法进行优化已渗透到生活的方方面面。如果你正在寻找优秀的算法入门书，本书就是你的首选。

—— Amit Lamba，Tech Overture 有限公司

算法学习起来一点都不乏味！在我和学生们看来，本书既有趣又富有洞见。

—— Christopher Haupt，Mobirobo 公司

谨以此书献给我的父母 Yogesh 和 Sangeeta

序

在当今这个时代，需要学习编程的人比以往任何时候都多。诚然，很多人从事的就是编程工作，如软件工程师和 Web 开发人员，但很多以前不需要编程的工作岗位现在也涉及编程，或者在未来将涉及编程。编程还有助于大家认识这个技术无处不在的世界。

然而，编程的益处并非雨露均沾，例如，在参与"北美计算机科学"计划的人员中，女性和某些种族的占比很低，因此必须让从事编程和计算机科学的人员更加多元化，这至关重要。要解决这个问题，需要在众多层面取得突破，包括克服偏见、加强师资培训以及提供更加多元化的学习体验。总之，我们需要向更多的人提供帮助，让他们加入计算机科学和编程的行列。

看到巴尔加瓦的著作后，我激动万分。这部作品提供了一种新的算法学习方式，而算法是确保编程卓有成效的支柱。在有些人看来，学习算法的方式只有一种，那就是找一本包含大量数学知识的算法书，仔细阅读并吃透所有的内容。然而，这只适合有能力、有时间且需要以这种方式学习算法的读者。同时，这种观点还假设我们知道每个想学习算法者的动机，但这样的假设并不成立。

坦率地说，在我喜欢的计算机科学图书中，有一部分确实是前面说的那种包含大量数学知识的算法书。这些算法书适合我阅读，也适合很多计算机科学教授阅读，但问题是大家很容易假定所有人的学习方式都是一样的。我们需要各种探讨计算机科学主题的学习资料，其中每种都是针对特定的读者编写的。

巴尔加瓦的这部著作是为想了解算法又不想学数学的读者编写的，这部著作最令我印象深刻的不是它介绍了哪些内容，而是没有介绍哪些内容。在这样的一部著作中，不可能做到面面俱到，这样的目标不仅无法实现，也难以切中要点。

凭借丰富的教学经验，巴尔加瓦仅用很短的篇幅就讲述了大量的内容。例如，在"动态规划"一章中，我惊讶地发现巴尔加瓦回答了很多其他算法书没有回答的问题。

无论你是首次尝试学习算法，还是一直在寻找合适的算法学习资料，我都希望本书能助你一臂之力。祝你在学习算法的过程中心情愉快！

—— Daniel Zingaro，多伦多大学

前　言

我因为爱好而踏入了编程殿堂。*Visual Basic 6 for Dummies* 教会了我基础知识，接着我不断阅读，学到的知识也越来越多，但对算法始终没搞明白。至今我还记得购买第一本算法书后的情景：我琢磨着目录，心想终于要把这些主题搞明白了。但那本书深奥难懂，看了几周后我就放弃了。直到遇到一位优秀的算法教授后，我才认识到这些概念是多么简单而优雅。

2012 年，我撰写了第一篇图解式博文。我是视觉型学习者，对图解式写作风格钟爱有加。从那时候起，我撰写了多篇介绍函数式编程、Git、机器学习和并发的图解式博文。顺便说一句，刚开始我的写作水平很一般。诠释技术概念很难，设计出好的示例需要时间，阐释难以理解的概念也需要时间，因此很容易对难讲的内容一带而过。我本以为自己已经做得相当好了，直到有一篇博文大受欢迎，有位同事却跑过来跟我说："我读了你的博文，但还是没搞懂。"看来在写作方面我要学习的还有很多。

在撰写这些博文期间，Manning 出版社找到我，问我想不想编写一本图解式图书。事实证明，Manning 出版社的编辑对如何诠释技术概念很在行，他们教会了我如何做。我编写本书的目的就是要把难懂的技术主题说清楚，让这本算法书易于理解。

2016 年，本书第 1 版（英文版）得以出版。到目前为止，阅读过本书的读者已超过 10 万，看到有这么多人喜欢图解式学习风格，我深感欣慰。

这一版的目标与前一版一样，旨在通过图示和易于记忆的示例帮助读者牢固地掌握概念。本书是针对知道如何编写代码并想更深入地了解算法的读者编写的，不要求读者具备任何数学知识。

这一版弥补了第 1 版的一些遗憾之处。很多读者希望我能够谈一谈树，为此这一版新增了两章，专门讨论树。这一版还拓展了与"NP 完全"相关的内容。"NP 完全"是一个非常抽象的概念，而我想通过诠释让读者对这个概念有更具体的认识。如果你也认为"NP 完全"这个概念过于抽象，但愿这一版对其所做的诠释能够让你不再这样认为。

与撰写第一篇博文时相比，我的写作水平有了长足进步，但愿你也认为本书内容丰富、易于理解。

致　　谢

感谢 Manning 出版社给我编写本书的机会，并给予我极大的创作空间。感谢出版人 Marjan Bace，感谢 Mike Stephens 领我入门，感谢 Ian Hough 的快速回复以及大有帮助的编辑工作。感谢 Manning 出版社的制作人员 Paul Wells、Debbie Holmgren 以及其他幕后人员。另外，还要感谢阅读手稿并提出建议的众人，他们是 Daniel Zingaro、Ben Vinegar、Alexander Manning 和 Maggie Wenger。感谢 Manning 出版社的技术审阅 David Eisenstat 和技术校对 Tony Holdroyd，感谢他们发现了手稿中的很多错误。

感谢一路上向我伸出援手的人：Bert Bates 教会了我如何写作；Flashkit 游戏专区的各位教会了我如何编写代码；很多朋友帮助审阅手稿、提出建议并让我尝试不同的诠释方式，其中包括 Ben Vinegar、Karl Puzon、Esther Chan、Anish Bhatt、Michael Glass、Nikrad Mahdi、Charles Lee、Jared Friedman、Hema Manickavasagam、Hari Raja、Murali Gudipati、Srinivas Varadan 等；Gerry Brady 教会了我算法。还要深深地感谢算法方面的学者，如 CLRS[①]、高德纳和 Strang。我真的是站在了巨人的肩上。

感谢爸爸、妈妈、Priyanka 和其他家庭成员，感谢你们一贯的支持。深深感谢妻子 Maggie 和儿子 Yogi，我们的面前还有很多艰难险阻，有些可不像周五晚上待在家里修改手稿那么简单。

感谢所有的审校人员——Abhishek Koserwal、Alex Lucas、Andres Sacco、Arun Saha、Becky Huett、Cesar Augusto Orozco Manotas、Christian Sutton、Diógines Goldoni、Dirk Gómez、Ed Bacher、Eder Andres Avila Niño、Frans Oilinki、Ganesh Swaminathan、Giampiero Granatella、Glen Yu、Greg Kreiter、Javid Asgarov、João Ferreira、Jobinesh Purushothaman、Joe Cuevas、Josh McAdams、Krishna Anipindi、Krzysztof Kamyczek、Kyrylo Kalinichenko、Lakshminarayanan AS、Laud Bentil、Matteo Battista、Mikael Byström、Nick Rakochy、Ninoslav Cerkez、Oliver Korten、Ooi Kuan San、Pablo Varela、Patrick Regan、Patrick Wanjau、Philipp Konrad、Piotr Pindel、Rajesh Mohanan、Ranjit Sahai、Rohini Uppuluri、Roman Levchenko、Sambaran Hazra、Seth MacPherson、Shankar Swamy、Srihari Sridharan、Tobias Kopf、Vivek Veerappan、William Jamir Silva 和 Xiangbo Mao，你们的建议让本书更出色。

最后，感谢所有试读本书的读者，还有在论坛上提供反馈的读者，你们让本书的质量更上了一层楼。

---

① 《算法导论》4 位作者（Thomas H. Cormen、Charles E. Leiserson、Ronald L. Rivest 和 Clifford Stein）的姓氏首字母缩写。——译者注

关于本书

本书易于理解，没有大跨度的思维跳跃，每次引入新概念时，都立即进行诠释，或者指出将在什么地方进行诠释。核心概念都通过练习和反复诠释进行强化，以便你检验假设，跟上步伐。

书中使用示例来帮助理解。我的目标是让你轻松地理解这些概念，而不是让正文充斥各种符号。我认为，如果能够回忆起熟悉的情形，学习效果会更好，而示例有助于唤醒记忆。因此，如果你要记住数组和链表（第2章）之间的差别，只需想想在电影院找座位就座的情形。另外，不怕你说我啰唆，我是视觉型学习者，因此本书包含大量的图示。

本书内容是精挑细选的。没必要在一本书中介绍所有的排序算法，不然还要维基百科和可汗学院做什么。书中介绍的所有算法都非常实用，对我从事的软件工程师的工作大有帮助，还可为阅读更复杂的主题打下坚实的基础。祝你阅读愉快！

如何阅读本书

本书的内容和排列顺序都经过了细心编排。如果你对某个主题感兴趣，直接跳到那里阅读即可；否则就按顺序逐章阅读吧，因为它们都以之前介绍的内容为基础。

强烈建议你动手执行示例代码，这部分的重要性再怎么强调都不过分。可以原封不动地输入代码，也可从 https://www.manning.com/books/grokking-algorithms-second-edition 下载[1]，再执行它们。这样，你记住的内容将多得多。

另外，建议你完成书中的练习。这些练习通常很短，只需一两分钟就能完成，但有些可能需要5~10分钟。这些练习有助于你检查思路，以免偏离正道太远。

读者对象

本书适合任何具备编程基础并想理解算法的人阅读。你可能面临一个编程问题，需要找一种算法来实现解决方案，抑或你想知道哪些算法比较有用。下面列出了可能从本书获得很多帮助的部分读者。

---

[1] 也可从图灵社区中的本书主页下载示例代码。——编者注

- 业余程序员。
- 编程培训班学员。
- 需要重温算法的计算机专业毕业生。
- 对编程感兴趣的物理、数学等专业毕业生。

涵盖内容

本书前三章将帮助你打好基础。

- 第 1 章：你将学习第 1 种实用算法——二分查找，还将学习使用大 O 表示法分析算法的速度。本书从始至终都将使用大 O 表示法来分析算法的速度。
- 第 2 章：你将学习两种基本的数据结构——数组和链表。这两种数据结构贯穿本书，它们还被用来创建更高级的数据结构，如第 5 章介绍的哈希表。
- 第 3 章：你将学习递归，一种被众多算法（如第 4 章介绍的快速排序）采用的实用技巧。

根据我的经验，大 O 表示法和递归对初学者来说颇具挑战性，因此介绍这些内容时我放慢了脚步，花费的篇幅也较长。

余下的篇幅将介绍应用广泛的算法。

- 问题解决技巧：将在第 4 章、第 10 章和第 11 章介绍。遇到问题时，如果不确定该如何高效地解决，可尝试分而治之（第 4 章）或动态规划（第 11 章）；如果认识到根本就没有高效的解决方案，可转而使用贪婪算法（第 10 章）来得到近似答案。
- 哈希表：将在第 5 章介绍。哈希表是一种很有用的数据结构，由键值对组成，如人名和电子邮件地址或者用户名和密码。哈希表的用途之大，再怎么强调都不过分。每当我需要解决问题时，首先想到的两种方法是：可以使用哈希表吗？可以使用图来建立模型吗？
- 图和树算法：将在第 6~9 章介绍。图是一种模拟网络的方法，这种网络包括人际关系网、公路网、神经元网络或者其他任何一组连接。广度优先搜索（第 6 章）和迪杰斯特拉算法（第 9 章）计算网络中两点之间的最短距离，可用来计算两人之间的分隔度或前往目的地的最短路径。树是一种图，在数据库（通常是 B 树）、浏览器（DOM 树）和文件系统中都有用武之地。
- K 最近邻算法（KNN）：将在第 12 章介绍。这是一种简单的机器学习算法，可用于创建推荐系统、OCR 引擎、预测股价或其他值（如"我们认为 Adit 会给这部电影打 4 星"）的系统，以及对物件进行分类（如"这个字母是 Q"）。
- 接下来如何做：第 13 章概述了适合你进一步学习的其他算法。

代码

本书所有的示例代码都是使用 Python 3 编写的。书中在列出代码时使用了等宽字体。有些代码还进行了标注，旨在突出重要的概念。

可从本书的 liveBook（在线）版（https://livebook.manning.com/book/grokking-algorithms-second-edition）获取可执行的代码片段；要获取本书的完整示例代码，可从 Manning 出版社网站下载。

我认为，如果能享受学习过程，就能获得最好的学习效果。请尽情地享受学习过程，动手运行示例代码吧！

liveBook 论坛

购买本书英文版的读者可免费访问 Manning 出版社的在线阅读平台 liveBook。使用 liveBook 独特的讨论功能，可评论本书或其中的章节或段落，还可轻松地做笔记、提出或回答技术性问题以及获得作者和其他读者的帮助。若要访问该论坛，可访问 https://livebook.manning.com/book/grokking-algorithms-second-edition。要更深入地了解这个论坛以及讨论时应遵守的规则，请访问 https://livebook.manning.com/discussion。

Manning 出版社致力于为读者和作者提供能够深入交流的场所。然而，作者参与论坛讨论纯属自愿，没有任何报酬，因此 Manning 出版社对其参与讨论的程度不做任何承诺。建议你向作者提些有挑战性的问题，以免他失去参与讨论的兴趣！只要本书还在销售，你就能通过出版社的网站访问 liveBook 论坛以及存档的讨论内容。

目　　录

第1章

算法简介

本章内容

❏ 为阅读后续内容打下基础。

❏ 编写第 1 种查找算法——二分查找。

❏ 学习如何谈论算法的运行时间——大 O 表示法。

1.1 引言

算法是一组完成任务的指令。任何代码片段都可视为算法，但本书只介绍比较有趣的部分。本书介绍的算法要么速度快，要么能解决有趣的问题，要么兼而有之。下面是书中一些重要内容。

❏ 第 1 章讨论二分查找，并演示算法如何能够提高代码的速度。在一个示例中，算法将需要执行的步骤从 40 亿个减少到了 32 个！

❏ GPS 设备使用图算法来计算前往目的地的最短路径，这将在第 6 章和第 9 章介绍。

❏ 你可使用动态规划来编写下国际跳棋的 AI 算法，这将在第 11 章讨论。

对于每种算法，本书都将首先进行描述并提供示例，然后使用大 O 表示法讨论其运行时间，最后探索它可以解决的其他问题。

1.1.1 性能方面

好消息是，本书介绍的每种算法都很可能有使用你喜欢的语言编写的实现，因此你无须自己动手编写每种算法的代码！但如果你不明白其优缺点，这些实现将毫无用处。在本书中，你将学习比较不同算法的优缺点：该使用合并排序算法还是快速排序算法，或者该使用数组还是链表。

仅仅改用不同的数据结构就可能让结果大不相同。

1.1.2　问题解决技巧

你将学习至今都没有掌握的问题解决技巧，例如：

□ 如果你喜欢开发电子游戏，可使用图算法编写跟踪用户的 AI 系统；
□ 你将学习使用 K 最近邻算法编写推荐系统；
□ 有些问题在有限的时间内是不可解的！书中讨论 NP 完全问题的部分将告诉你，如何识别这样的问题以及如何设计找到近似答案的算法。

总而言之，读完本书后，你将熟悉一些使用最为广泛的算法。利用这些新学到的知识，你可学习更具体的 AI算法、数据库算法等，还可在工作中迎接更严峻的挑战。

需要具备的知识

要阅读本书，需要具备基本的代数知识。具体地说，给定函数 $f(x) = x \times 2$，$f(5)$ 的值是多少呢？如果你的答案为 10，那就够了。

另外，如果你熟悉一门编程语言，本章（以及本书）将更容易理解。本书的示例基本都是使用 Python 编写的。如果你不懂任何编程语言但想学习一门，请选择 Python，它非常适合初学者；如果你熟悉其他语言，如 JavaScript，对阅读本书也大有帮助。

1.2　二分查找

假设要在电话簿中找一个名字以 K 打头的人，（现在谁还用电话簿！）可以从头开始翻页，直到进入以 K 打头的部分。但你很可能不这样做，而是从中间开始，因为你知道以 K 打头的名字在电话簿中间。

又假设要在字典中找一个以 O 打头的单词，你也将从中间附近开始。

现在假设你登录 Facebook。当你这样做时，Facebook 必须核实你是否有其网站的账户，因此必须在其数据库中查找你的用户名。如果你的用户名为 karlmageddon，Facebook 可从以 A 打头的部分开始查找，但更合乎逻辑的做法是从中间开始查找。

这是一个查找问题，在前述所有情况下，都可使用同一种算法来解决问题，这种算法就是**二分查找**。

二分查找是一种算法，其输入是一个有序的元素列表（必须有序的原因稍后解释）。如果要查找的元素包含在列表中，二分查找返回其位置；否则返回 null。

下图是一个例子。

使用二分查找在电话簿中查找公司

下面的示例说明了二分查找的工作原理。我随便想一个 1～100 的数字。

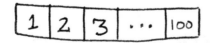

你的目标是以最少的次数猜到这个数字。你每次猜测后，我会说小了、大了或对了。

假设你从 1 开始依次往上猜，猜测过程会是这样。

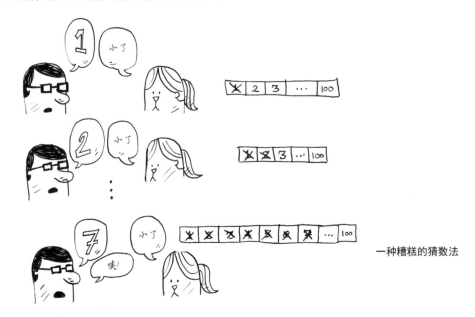

一种糟糕的猜数法

这是**简单查找**，更准确的说法是**傻找**。每次猜测都只能排除一个数字。如果我想的数字是 99，你得猜 99 次才能猜到！

1.2.1　更佳的查找方式

下面是一种更佳的猜法。从 50 开始。

小了，但排除了**一半**的数字！至此，你知道 1～50 都小了。接下来，你猜 75。

大了，那余下的数字又排除了一半！使用二分查找时，你猜测的是中间的数字，从而每次都将余下的数字排除一半。接下来，你猜 63（50 和 75 中间的数字）。

这就是二分查找，你学习了第 1 种算法！每次猜测排除的数字个数如下。

100个元素 → 50 → 25 → 13 → 7 → 4 → 2 → 1

7步

使用二分查找时，每次都排除一半的数字

不管我心里想的是哪个数字，你在 7 次之内都能猜到，因为每次猜测都将排除很多数字！

假设你要在字典中查找一个单词，而该字典包含 240 000 个单词，你认为每种查找最多需要多少步？

简单查找：____步

二分查找：____步

如果要查找的单词位于字典末尾，使用简单查找将需要 240 000 步。使用二分查找时，每次排除一半单词，直到最后只剩下一个单词。

240k → 120k → 60k → 30k → 15k → 7.5k → 3750

59 ← 118 ← 235 ← 469 ← 938 ← 1875

30 → 15 → 8 → 4 → 2 → 1

18步

因此，使用二分查找只需 18 步——少多了！一般而言，对于包含 n 个元素的列表，用二分查找最多需要 $\log_2 n$ 步，而简单查找最多需要 n 步。

对　数

你可能不记得什么是对数了，但很可能记得什么是幂。$\log_{10}100$ 相当于问"将多少个 10 相乘的结果为 100"。答案是 2 个：$10 \times 10 = 100$。因此，$\log_{10}100 = 2$。对数运算是幂运算的逆运算。

$$10^2 = 100 \leftrightarrow \log_{10}100 = 2$$

$$10^3 = 1000 \leftrightarrow \log_{10}1000 = 3$$

$$2^3 = 8 \leftrightarrow \log_2 8 = 3$$

$$2^4 = 16 \leftrightarrow \log_2 16 = 4$$

$$2^5 = 32 \leftrightarrow \log_2 32 = 5$$

对数运算是幂运算的逆运算

本书使用大 O 表示法（稍后介绍）讨论运行时间时，log 指的都是 $\log_2$。使用简单查找法查找元素时，在最糟情况下需要查看每个元素。因此，如果列表包含 8 个元素，你最多需要检查 8 个元素。而使用二分查找时，最多需要检查 log n 个元素。如果列表包含 8 个元素，你最多需要检查 3 个元素，因为 $\log 8 = 3$（$2^3 = 8$）。如果列表包含 1024 个元素，你最多需要检查 10 个元素，因为 $\log 1024 = 10$（$2^{10} = 1024$）。

说　明

本书经常会谈到对数时间，因此你必须明白对数的概念。如果你不明白，可汗学院有一个不错的视频，把这个概念讲得很清楚。

说　明

仅当列表是有序的时候，二分查找才管用。例如，电话簿中的名字是按字母顺序排列的，因此可以使用二分查找来查找名字。如果名字不是按顺序排列的，结果将如何呢？

下面来看看如何编写执行二分查找的 Python 代码。这里的代码示例使用了数组。如果你不熟悉数组，也不用担心，下一章就会介绍。你只需知道，可将一系列元素存储在一系列相邻的**桶**（bucket），即数组中。这些桶从 0 开始编号：第 1 个桶的位置为 0，第 2 个桶的位置为 1，第 3 个桶的位置为 2，以此类推。

函数 binary_search 接收一个有序数组和一个元素。如果指定的元素包含在数组中，这个函数将返回其位置。你将跟踪要在其中查找的数组部分——开始时为整个数组。

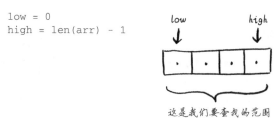

```
low = 0
high = len(arr) - 1
```

这是我们要查找的范围

你每次都检查中间的元素。

```
mid = (low + high)//2
guess = arr[mid]
```
如果(**low** + **high**)不是偶数，
Python 自动将 **mid** 向下取整

如果猜的数字小了，就相应地修改 low。

```
if guess < item:
  low = mid + 1
```

如果猜的数字大了，就修改 high。完整的代码如下。

```
def binary_search(arr, item):
  low = 0
  high = len(arr)−1

  while low <= high:
    mid = (low + high)//2
    guess = arr[mid]
    if guess == item:
      return mid
    elif guess > item:
      high = mid - 1
    else:
      low = mid + 1
  return None

my_list = [1, 3, 5, 7, 9]

print (binary_search(my_list, 3)) # => 1
print (binary_search(my_list, -1)) # => None
```

low 和 **high** 用于跟踪要在其中查找的列表部分

只要范围没有缩小到只包含 1 个元素，就检查中间的元素

找到了元素

猜的数字大了

猜的数字小了

没有指定的元素

来测试一下！

别忘了索引从 0 开始，第 2 个位置的索引为 1

在 Python 中，**None** 表示空，它意味着没有找到指定的元素

练习

1.1　假设有一个包含 128 个名字的有序列表，你要使用二分查找在其中查找一个名字，请问最多需要几步才能找到？

1.2　上面列表的长度翻倍后，最多需要几步？

1.2.2　运行时间

每次介绍算法时，我都将讨论其运行时间。一般而言，应选择效率最高的算法，以最大限度地减少运行时间或占用空间。

回到前面的二分查找。使用它可节省多少时间呢？简单查找逐个地检查数字，如果列表包含 100 个数字，最多需要猜 100 次。如果列表包含 40 亿个数字，最多需要猜 40 亿次。换言之，最多需要猜测的次数与列表长度相同，这被称为**线性时间**（linear time）。

二分查找则不同。如果列表包含 100 个元素，最多需要猜 7 次；如果列表包含 40 亿个数字，最多需要猜 32 次。厉害吧？二分查找的运行时间为**对数时间**（或 log 时间）。下表总结了我们发现的情况。

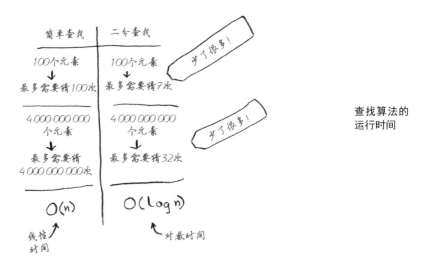

查找算法的
运行时间

1.3　大 O 表示法

大 O 表示法是一种特殊的表示法，指出了算法的速度有多快。谁在乎呢？实际上，你经常要使用别人编写的算法，在这种情况下，知道这些算法的速度大有裨益。本节将介绍大 O 表示法是什么，并使用它列出一些最常见的算法运行时间。

1.3.1　算法的运行时间以不同的速度增加

Bob 要为 NASA 编写一个查找算法,这个算法在火箭即将登陆月球时开始执行,帮助计算着陆地点。

这个示例表明,两种算法的运行时间呈现不同的增速。Bob 需要做出决定,是使用简单查找还是二分查找。使用的算法必须快速而准确。一方面,二分查找的速度更快。Bob 必须在 10 秒钟内找出着陆地点,否则火箭将偏离方向。另一方面,简单查找算法编写起来更容易,因此出现 bug 的可能性更小。Bob 可不希望引导火箭着陆的代码中有 bug! 为确保万无一失,Bob 决定计算两种算法在列表包含 100 个元素的情况下需要的时间。

假设检查 1 个元素需要 1 毫秒。使用简单查找时,Bob 必须检查 100 个元素,因此需要 100 毫秒才能查找完毕。而使用二分查找时,只需检查 7 个元素(log100 大约为 7),因此只需要 7 毫秒就能查找完毕。然而,实际要查找的列表可能包含 10 亿个元素,在这种情况下,简单查找需要多长时间呢? 二分查找又需要多长时间呢? 请务必找出这两个问题的答案,再接着往下读。

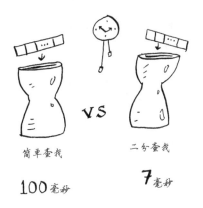

列表包含 100 个元素时,简单查找和二分查找的运行时间

Bob 对包含 10 亿个元素的列表运行二分查找,运行时间为 30 毫秒(log1 000 000 000 大约为 30)。他心里想,二分查找的速度大约为简单查找的 15 倍,因为列表包含 100 个元素时,简单查找需要 100 毫秒,而二分查找需要 7 毫秒。因此,列表包含 10 亿个元素时,简单查找需要 30×15＝450 毫秒,完全符合在 10 秒内查找完毕的要求。Bob 决定使用简单查找。这是正确的选择吗?

不是。实际上,Bob 错了,而且错得离谱。列表包含 10 亿个元素时,简单查找需要 10 亿毫秒,相当于 11 天! 为什么会这样呢? 因为二分查找和简单查找的运行时间的增速不同。

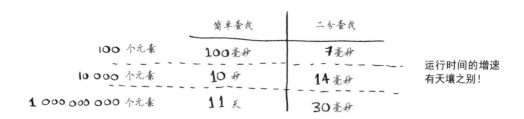

	简单查找	二分查找
100 个元素	100 毫秒	7 毫秒
10 000 个元素	10 秒	14 毫秒
1 000 000 000 个元素	11 天	30 毫秒

运行时间的增速
有天壤之别！

也就是说，随着元素数量的增加，二分查找需要的额外时间并
不多，而简单查找需要的额外时间却很多。因此，随着列表的增长，
二分查找的速度比简单查找快得多。Bob 以为二分查找速度为简单查
找的 15 倍，这不对：列表包含 10 亿个元素时，为 3300 万倍。有鉴
于此，仅知道算法需要多长时间才能运行完毕还不够，还需知道运
行时间如何随列表增长而增加。这正是大 O 表示法的用武之地。

大 O 表示法指出了算法有多快。例如，假设列表包含 n 个元素。
简单查找需要检查每个元素，因此需要执行 n 次操作。使用大 O 表
示法，这个运行时间为 $O(n)$。单位秒呢？没有——大 O 表示法指的并非以秒为单位的速度。**大
O 表示法让你能够比较操作数，它指出了算法运行时间的增速。**

为检查长度为 n 的列表，二分查找需要执行 $\log n$ 次操作。使用大 O 表示法，这个运行时间
怎么表示呢？$O(\log n)$。一般而言，大 O 表示法像下面这样。

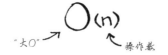

"大O"   操作数

大 O 表示法是什
么样子

这种表示法指出了算法需要执行的操作数。之所以称为大 O 表示法，是因为操作数前有个
大 O。这听起来像笑话，但事实如此！

下面来看一些例子，看看你能否确定这些算法的运行时间。

1.3.2   理解不同的大 O 运行时间

下面的示例，你在家里使用纸和笔就能完成。假设你要画一个网格，它包含 16 个格子。

要绘制这样的网格，
有什么好的算法吗？

算法 1

一种方法是以每次画 1 个的方式画 16 个格子。记住，大 O 表示法计算的是操作数。在这个示例中，画 1 个格子是 1 次操作，需要画 16 个格子。如果每次画 1 个格子，需要执行多少次操作呢？

每次画 1 个格子

画 16 个格子需要 16 步。这种算法的运行时间是多少？

算法 2

请尝试这种算法——将纸折起来。

在这个示例中，将纸对折 1 次就是 1 次操作。第 1 次对折相当于画了 2 个格子！

再折，再折，再折。

折 4 次后再打开，便得到了漂亮的网格！每折一次，格子数就翻倍，折 4 次就能得到 16 个格子！

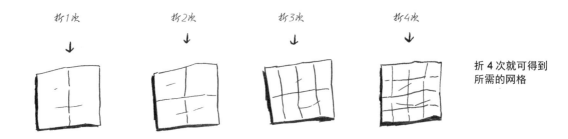

折 4 次就可得到
所需的网格

你每折一次，绘制出的格子数都翻倍，因此 4 步就能"绘制"出 16 个格子。这种算法的运行时间是多少呢？请搞清楚这两种算法的运行时间之后，再接着往下读。

答案如下：算法 1 的运行时间为 $O(n)$，算法 2 的运行时间为 $O(\log n)$。

1.3.3　大 O 表示法指出了最糟情况下的运行时间

假设你使用简单查找在电话簿中找人。你知道，简单查找的运行时间为 $O(n)$，这意味着在最糟情况下，必须查看电话簿中的每个条目。如果要查找的是 Adit——电话簿中的第一个人，一次就能找到，无须查看每个条目。考虑到一次就找到了 Adit，请问这种算法的运行时间是 $O(n)$ 还是 $O(1)$ 呢？

简单查找的运行时间总是为 $O(n)$。查找 Adit 时，一次就找到了，这是最佳情况，大 O 表示法说的是最糟情况。因此，你可以说，在最糟情况下，必须查看电话簿中的每个条目，对应的运行时间为 $O(n)$。这是一个保证——你知道简单查找的运行时间不可能超过 $O(n)$。

说　明

除最糟情况下的运行时间外，还应考虑平均情况的运行时间，这很重要。最糟情况和平均情况将在第 4 章中讨论。

1.3.4　一些常见的大 O 运行时间

下面按从快到慢的顺序列出了你经常会遇到的 5 种大 O 运行时间。

❑ $O(\log n)$，也叫**对数时间**，这样的算法包括二分查找。
❑ $O(n)$，也叫**线性时间**，这样的算法包括简单查找。
❑ $O(n \log n)$，这样的算法包括第 4 章将介绍的快速排序——一种速度较快的排序算法。
❑ $O(n^2)$，这样的算法包括第 2 章将介绍的选择排序——一种速度较慢的排序算法。
❑ $O(n!)$，这样的算法包括接下来将介绍的旅行商问题的解决方案——一种非常慢的算法。

假设你要绘制一个包含 16 个格子的网格，且有 5 种算法可供选择，这些算法的运行时间如上所示。如果你选择第 1 种算法，绘制该网格所需的操作数将为 4（log 16 = 4）。假设你每秒可执行 10 次操作，那么绘制该网格需要 0.4 秒。如果要绘制一个包含 1024 个格子的网格呢？这需要执行 10（log 1024 = 10）次操作，换言之，绘制这样的网格需要 1 秒。这是使用第 1 种算法的情况。

第 2 种算法更慢，其运行时间为 $O(n)$，即要绘制 16 个格子，需要执行 16 次操作；要绘制 1024 个格子，需要执行 1024 次操作。执行这些操作需要多少秒呢？

下面按从快到慢的顺序列出了使用这些算法绘制网格所需的时间。

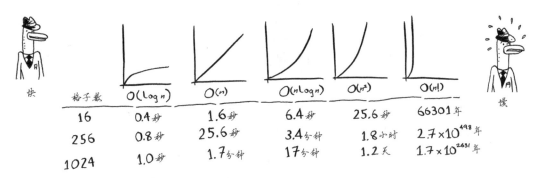

格子数	$O(\log n)$	$O(n)$	$O(n \log n)$	$O(n^2)$	$O(n!)$
16	0.4 秒	1.6 秒	6.4 秒	25.6 秒	66301 年
256	0.8 秒	25.6 秒	3.4 分钟	1.8 小时	2.7×10^{498} 年
1024	1.0 秒	1.7 分钟	17 分钟	1.2 天	1.7×10^{2631} 年

还有其他的运行时间，但这 5 种是最常见的。

这里的解释做了简化，实际上，并不能如此干净利索地将大 O 运行时间转换为操作数，但就目前而言，这种准确度足够了。等你学习其他一些算法后，第 4 章将回过头来再次讨论大 O 表示法。当前，我们获得的主要启示如下。

- 算法的速度指的并非时间，而是操作数的增速。
- 谈论算法的速度时，我们说的是随着输入的增加，其运行时间将以什么样的速度增加。
- 算法的运行时间用大 O 表示法表示。
- $O(\log n)$ 比 $O(n)$ 快，需要搜索的元素越多，前者比后者就快得越多。

练习

使用大 O 表示法给出下述各种情形的运行时间。

1.3　在电话簿中根据名字查找电话号码。

1.4　在电话簿中根据电话号码找人。（提示：你必须查找整个电话簿。）

1.5　阅读电话簿中每个人的电话号码。

1.6　阅读电话簿中姓名以 A 打头的人的电话号码。这个问题比较棘手，它涉及第 4 章的概念。答案可能让你感到惊讶！

1.3.5　旅行商

阅读前一节时，你可能认为根本就没有运行时间为 $O(n!)$ 的算法。让我来证明你错了！下面就是一个运行时间极长的算法。这个算法要解决的是计算机科学领域非常著名的旅行商问题，其计算时间增加得非常快，而有些非常聪明的人都认为没有改进空间。

有一位旅行商（姑且称之为 Opus 吧）要前往 5 个城市，同时要确保旅程最短。为此，可考虑前往这些城市的各种可能顺序。

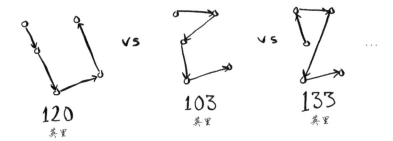

对于每种顺序，他都计算总旅程，再挑选出旅程最短的路线。5 个城市有 120 种排列方式。因此，在涉及 5 个城市时，解决这个问题需要执行 120 次操作。涉及 6 个城市时，需要执行 720 次操作（有 720 种排列方式）。涉及 7 个城市时，需要执行 5040 次操作！

城市数	操作数
6	720
7	5040
8	40 320
…	…
15	1 307 674 368 000
…	
30	265 252 859 812 191 058 636 308 480 000 000

操作数激增

1

推而广之，涉及 n 个城市时，需要执行 $n!$（n 的阶乘）次操作才能计算出结果。因此运行时间为 $O(n!)$，即阶乘时间。除非涉及的城市数很少，否则需要执行非常多的操作。如果涉及的城市数超过 100，根本就不能在合理的时间内计算出结果——等你计算出结果，太阳都没了。

这种算法很糟糕！Opus 应使用别的算法，可他别无选择。这是计算机科学领域待解的问题之一。对于这个问题，目前还没有找到更快的算法，有些很聪明的人认为这个问题根本就没有更巧妙的算法。面对这个问题，我们能做的只是去找出近似答案，更详细的信息请参阅第 10 章。

1.4 小结

- 数组很大时，二分查找的速度比简单查找快得多。
- $O(\log n)$ 比 $O(n)$ 快。需要搜索的元素越多，前者比后者就快得越多。
- 算法运行时间并不以秒为单位。
- 算法运行时间是从其增速的角度度量的。
- 算法运行时间用大 O 表示法表示。

第2章 选择排序

本章内容

☐ 学习两种最基本的数据结构——数组和链表，它们无处不在。第 1 章使用了数组，其他各章几乎也都将用到数组。数组是个重要的主题，一定要高度重视！但在有些情况下，使用链表比使用数组更合适。本章阐述数组和链表的优缺点，让你能够根据要实现的算法选择合适的一个。

☐ 学习第 1 种排序算法。很多算法仅在数据经过排序后才管用。还记得二分查找吗？它只能用于有序元素列表。本章将介绍选择排序。很多语言内置了排序算法，因此你基本上不用从头开始编写自己的版本。但选择排序是第 4 章将介绍的快速排序的基石。快速排序是一种重要的算法，如果你熟悉其他排序算法，理解起来将更容易。

需要具备的知识

要明白本章的性能分析部分，必须知道大 O 表示法和对数。如果你不懂，建议回过头去阅读第 1 章。本书余下的篇幅都会用到大 O 表示法。

2.1 内存的工作原理

假设你去看演出，需要将东西寄存。寄存处有一个柜子，柜子有很多抽屉。

2

每个抽屉可放一样东西，你有两样东西要寄存，因此要了两个抽屉。

你将两样东西存放在这里。

现在你可以去看演出了！这大致就是计算机内存的工作原理。计算机就像是很多抽屉的集合体，每个抽屉都有地址。

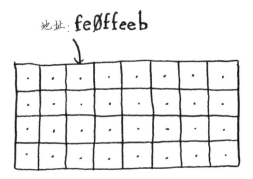

fe0ffeeb 是一个内存单元的地址。

需要将数据存储到内存时，你请求计算机提供存储空间，计算机给你一个存储地址。需要存储多项数据时，有两种基本方式——数组和链表。但它们并非都适用于所有的情形，因此知道它们的差别很重要。接下来介绍数组和链表以及它们的优缺点。

2.2　数组和链表

有时候，需要在内存中存储一系列元素。假设你要编写一个管理待办事项的应用程序，为此需要将这些待办事项存储在内存中。

应使用数组还是链表呢？鉴于数组更容易掌握，我们先将待办事项存储在数组中。使用数组意味着所有待办事项在内存中都是相连的（紧靠在一起的）。

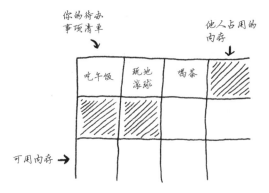

现在假设你要添加第四个待办事项，但后面的那个抽屉放着别人的东西！

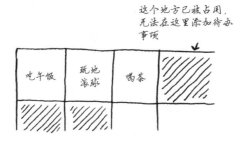

这就像你与朋友去看电影，找到地方就座后又来了一位朋友，但原来坐的地方没有空位置，只得再找一个可坐下所有人的地方。在这种情况下，你需要请求计算机重新分配一块可容纳 4 个待办事项的内存，再将所有待办事项都移到那里。

如果又来了一位朋友，而当前坐的地方也没有空位，你们就得再次转移！真是太麻烦了。同样，在数组中添加新元素也可能很麻烦。如果没有了空间，就得移到内存的其他地方，因此添加新元素的速度会很慢。一种解决之道是"预留座位"：即便当前只有 3 个待办事项，也请计算机提供 10 个位置，以防需要添加待办事项。这样，只要待办事项不超过 10 个，就无须转移。这是一个不错的权变措施，但你应该明白，它存在如下两个缺点。

❏ 你额外请求的位置可能根本用不上，这将浪费内存。你没有使用，别人也用不了。
❏ 待办事项超过 10 个后，你还得转移。

因此，这种权宜措施虽然不错，但绝非完美的解决方案。对于这种问题，可使用链表来解决。

2.2.1 链表

链表中的元素可存储在内存的任何地方。

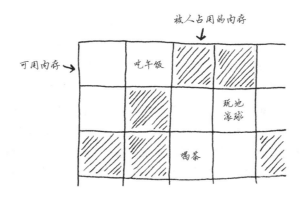

链表的每个元素都存储了下一个元素的地址，从而使一系列随机的内存地址串在一起。

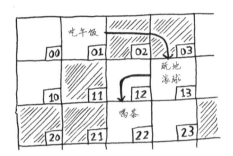

串在一起的内存地址

这犹如寻宝游戏。你前往第一个地址，那里有一张纸条写着"下一个元素的地址为 123"。因此，你前往地址 123，那里又有一张纸条，写着"下一个元素的地址为 847"，以此类推。在链表中添加元素很容易：只需将其放入内存，并将其地址存储到前一个元素中。

使用链表时，根本就不需要移动元素。这还可避免另一个问题。假设你与 5 位朋友去看一部很火的电影。你们 6 人想坐在一起，但看电影的人较多，没有 6 个在一起的座位。使用数组有时就会遇到这样的情况。假设你要为数组分配 10 000 个位置，内存中有 10 000 个位置，但不都靠在一起。在这种情况下，你将无法为该数组分配内存！链表相当于说"我们分开来坐"，因此，只要有足够的内存空间，就能为链表分配内存。

链表的优势在插入元素方面，那数组的优势又是什么呢？

2.2.2　数组

排行榜网站会使用如下手段来增加页面浏览量：不在一个页面中显示整个排行榜，而将排行榜的每项内容都放在一个页面中，并让你单击 Next 来查看下一项内容。例如，显示十大电视反派时，不在一个页面中显示整个排行榜，而是先显示第 10 号反派（Newman）。你必须在每个页面中单击 Next，才能看到第 1 号反派（Gustavo Fring）。这让网站能够在 10 个页面中显示广告，但用户需要单击 Next 9 次才能看到第 1 号反派，真的是很烦。如果整个排行榜都显示在一个页面中，将方便得多。这样，用户可单击排行榜中的人名来获得更详细的信息。

链表存在类似的问题。在需要读取链表的最后一个元素时，你不能直接读取，因为你不知道它的地址，必须先访问第 1 个元素，从中获取第 2 个元素的地址，再访问第 2 个元素并从中获取第 3 个元素的地址，以此类推，直到访问最后一个元素。需要同时读取所有元素时，链表的效率很高：你读取第 1 个元素，根据其中的地址再读取第 2 个元素，以此类推。但如果你需要跳跃，链表的效率真的很低。

数组与此不同：你知道其中每个元素的地址。例如，假设有一个数组，它包含 5 个元素，起始地址为 00，那么第 5 个元素的地址是多少呢？

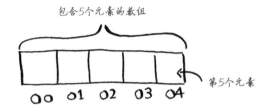

包含5个元素的数组

第5个元素

只需执行简单的数学运算就知道：04。需要随机地读取元素时，数组的效率很高，因为可迅速找到数组的任何元素。在链表中，元素并非靠在一起，你无法迅速计算出第 5 个元素的内存地址，而必须先访问第 1 个元素以获取第 2 个元素的地址，再访问第 2 个元素以获取第 3 个元素的地址，以此类推，直到访问第 5 个元素。

2.2.3 术语

数组的元素带编号，编号从 0 而不是 1 开始。例如，在下面的数组中，元素 20 的位置为 1。

$$\boxed{10\,|\,20\,|\,30\,|\,40}$$

0　1　2　3

而元素 10 的位置为 0。这通常会让新手晕头转向。从 0 开始让基于数组的代码编写起来更容易，因此程序员始终坚持这样做。几乎所有的编程语言都从 0 开始对数组元素进行编号。你很快就会习惯这种做法。

元素的位置称为**索引**。因此，不说"元素 20 的位置为 1"，而说"元素 20 位于索引 1 处"。本书将使用索引来表示位置。

下面列出了常见的数组和链表操作的运行时间。

	数组	链表
读取	$O(1)$	$O(n)$
插入	$O(n)$	$O(1)$

$O(n)$ = 线性时间
$O(1)$ = 常量时间

问题：在数组中插入元素时，为何运行时间为 $O(n)$ 呢？假设要在数组开头插入一个元素，你将如何做？这需要多长时间？请阅读下一节，找出这些问题的答案！

练习

2.1   假设你要编写一个记账的应用程序。

> *1. 买东西*
> *2. 看电影*
> *3. SFBC 会费*

你每天都将所有的支出记录下来，并在月底统计支出，算算当月花了多少钱。因此，你执行的插入操作很多，但读取操作很少。该使用数组还是链表呢？

2.2.4   在中间插入

假设你要让待办事项按日期排列。之前，你在清单末尾添加了待办事项。

但现在你要根据新增待办事项的日期将其插入到正确的位置。

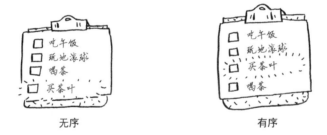

无序   有序

需要在中间插入元素时，数组和链表哪个更好呢？使用链表时，插入元素很简单，只需修改它前面的那个元素指向的地址。

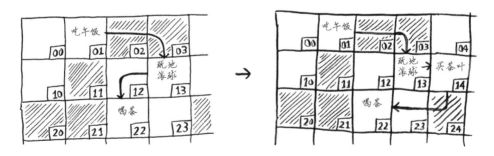

而使用数组时，则必须将后面的元素都向后移。

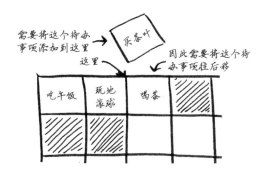

如果没有足够的空间，可能还得将整个数组复制到其他地方！因此，当需要在中间插入元素时，链表是更好的选择。

指针

前面多次说过，链表中的每个元素都指向下一个元素。这是如何实现的呢？使用指针。

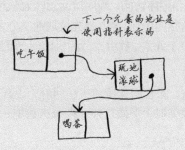

链表中的每个元素都使用了一点点内存来存储下一个元素的地址，这被称为指针。

你偶尔会遇到指针，尤其是使用诸如 C 语言等编程语言编写代码时。有鉴于此，务必熟悉指针的含义。

2.2.5 删除

如果你要删除元素呢？链表也是更好的选择，因为只需修改前一个元素指向的地址即可。而使用数组时，删除元素后，必须将后面的元素都向前移。

不同于插入元素，删除元素总能成功。如果内存中没有足够的空间，插入操作可能失败，但在任何情况下都能够将元素删除。

下面是数组和链表常见操作的运行时间。

	数组	链表
读取	$O(1)$	$O(n)$
插入	$O(n)$	$O(1)$
删除	$O(n)$	$O(1)$

需要指出的是，仅当能够立即访问要删除的元素时，删除操作的运行时间才为 $O(1)$。通常我们都记录了链表的头部元素和尾部元素，因此删除这些元素的运行时间为 $O(1)$。

2.2.6　数组和链表哪个用得更多

通常使用数组，因为相比于链表，数组有很多优势。首先，数组支持随机访问，因此其读取性能比链表高。

有两种访问方式：**随机访问和顺序访问**。顺序访问意味着从第 1 个元素开始逐个地读取元素。链表只能顺序访问：要读取链表的第 10 个元素，得先读取前 9 个元素，并沿链接找到第 10 个元素。随机访问意味着可直接跳到第 10 个元素。数组支持随机访问，而在很多情况下要求能够随机访问，因此数组用得很多。

数组的读取速度之所以更快，除它们支持随机访问外，还有另一个原因，那就是数组支持缓存。你可能认为，数组读取过程类似于下面这样，即每次读取一个元素。

但实际上，计算机每次读取一个数据块，这使得找到下一个元素的速度要快得多。

对于数组，可一次读取多个元素。然而，对于链表，无法这样做，因为你不知道下一个元素在哪里；相反，需要先读取一个元素，确定下一个元素在哪里，再读取这个元素。

因此，数组不但支持随机访问，其顺序访问速度也更快。

数组的读取性能更高。在内存使用效率方面，情况又如何呢？前面说过，使用数组时，通常请求分配的空间比实际需要的空间更多，如果最终没有使用这些额外的空间，它们就浪费了。

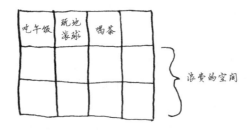

实际上，浪费的空间并没有这里演示的这么多。而使用链表时，每个元素都将占用额外的空间，用于存储下一个元素的地址。因此，如果元素本身所需的空间很小，使用链表将比使用数组占用更多的空间。在下图中，使用链表和数组存储了相同的信息，但从中可知，链表占用的空间更多。

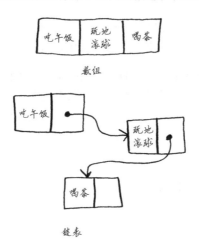

当然，如果每个元素本身都很大，即便多分配一个元素，浪费的空间也很多，与此相比，用于存储指针的额外内存可能很少。

因此，链表仅用于一些特殊情况，在其他情况下，都使用数组而不是链表。

练习

2.2 假设你要为饭店创建一个接受顾客点菜单的应用程序。这个应用程序存储一系列点菜单。服务员添加点菜单，而厨师取出点菜单并制作菜肴。这是一个点菜单队列：服务员在队尾添加点菜单，厨师取出队首的点菜单并制作菜肴。

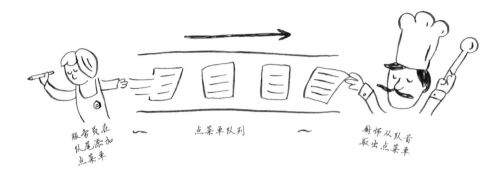

你使用数组还是链表来实现这个队列呢？（提示：链表擅长插入和删除，而数组擅长随机访问。在这个应用程序中，你要执行的是哪些操作呢？）

2.3   我们来做一个思考实验。假设 Facebook 记录一系列用户名，每当有用户试图登录 Facebook 时，都查找其用户名，如果找到就允许用户登录。由于经常有用户登录 Facebook，因此需要执行大量的用户名查找操作。假设 Facebook 使用二分查找算法，而这种算法要求能够随机访问——立即获取中间的用户名。考虑到这一点，应使用数组还是链表来存储用户名呢？

2.4   经常有用户在 Facebook 注册。假设你已决定使用数组来存储用户名，在插入方面数组有何缺点呢？具体地说，在数组中添加新用户将出现什么情况？

2.5   实际上，Facebook 存储用户信息时使用的既不是数组也不是链表。假设 Facebook 使用的是一种混合数据结构：链表数组。这个数组包含 26 个元素，每个元素都指向一个链表。例如，该数组的第 1 个元素指向的链表包含所有以 A 打头的用户名，第 2 个元素指向的链表包含所有以 B 打头的用户名，以此类推。

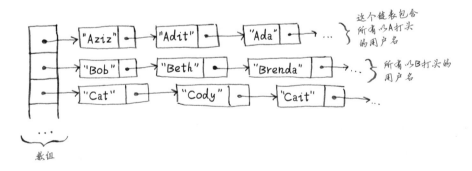

假设 Adit B 在 Facebook 注册，而你需要将其加入前述数据结构中。因此，你访问数组的第 1 个元素，再访问该元素指向的链表，并将 Adit B 添加到这个链表末尾。现在假设你要查找 Zakhir H。因此你访问第 26 个元素，再在它指向的链表（该链表包含所有以 Z 打头的用户名）中查找 Zakhir H。

请问，相比于数组和链表，这种混合数据结构的查找和插入速度更慢还是更快？你不必给出大 O 运行时间，只需指出这种数据结构的查找和插入速度更快还是更慢。

2.3 选择排序

有了前面的知识，你就可以学习第 2 种算法——选择排序了。要理解本节的内容，你必须熟悉数组、链表和大 O 表示法。

假设你的计算机存储了很多乐曲。对于每个音乐人或乐队，你都记录了其作品播放次数。

~♫~	播放次数
RADIOHEAD	156
KISHORE KUMAR	141
THE BLACK KEYS	35
NEUTRAL MILK HOTEL	94
BECK	88
THE STROKES	61
WILCO	111

你要将这个列表按播放次数从多到少的顺序排列，从而将你喜欢的音乐人和乐队排序。该如何做呢？

一种办法是遍历这个列表，找出作品播放次数最多的音乐人或乐队，并将该音乐人或乐队添加到一个新列表中。

~♫~	播放次数		🎵排序后♫♫	播放次数
RADIOHEAD	156		RADIOHEAD	156
KISHORE KUMAR	141	→		
THE BLACK KEYS	35			
NEUTRAL MILK HOTEL	94			
BECK	88			
THE STROKES	61			
WILCO	111			

1. RADIOHEAD是播放次数最多的　　　　　2. 将其加入新列表

再次这样做，找出播放次数第二多的音乐人或乐队。

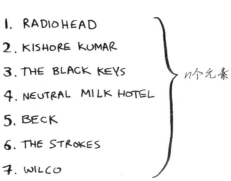

～♫～	播放次数
KISHORE KUMAR	141
THE BLACK KEYS	35
NEUTRAL MILK HOTEL	94
BECK	88
THE STROKES	61
WILCO	111

1. KISHORE KUMAR是播放次数第二多的

♪ 排序后 ♪♪	播放次数
RADIOHEAD	156
KISHORE KUMAR	141

2. 因此接下来将其加入新列表

继续这样做，你将得到一个有序列表。

～♫～	播放次数
RADIOHEAD	156
KISHORE KUMAR	141
WILCO	111
NEUTRAL MILK HOTEL	94
BECK	88
THE STROKES	61
THE BLACK KEYS	35

下面从计算机科学的角度出发，看看这需要多长时间。别忘了，$O(n)$ 时间意味着查看列表中的每个元素一次。例如，对音乐人和乐队列表进行简单查找时，意味着每个音乐人和乐队都要查看一次。

1. RADIOHEAD
2. KISHORE KUMAR
3. THE BLACK KEYS
4. NEUTRAL MILK HOTEL
5. BECK
6. THE STROKES
7. WILCO

n个元素

要找出播放次数最多的音乐人或乐队，必须检查列表中的每个元素。正如你刚才看到的，这需要的时间为 $O(n)$。因此对于这种时间为 $O(n)$ 的操作，你需要执行 n 次。

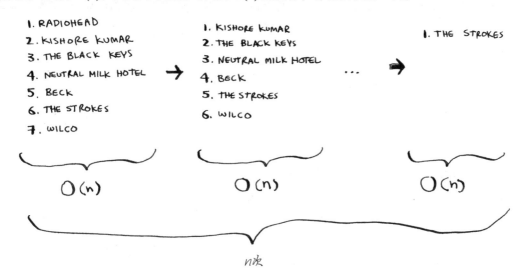

需要的总时间为 $O(n \times n)$，即 $O(n^2)$。

排序算法很有用。你现在可以对如下内容进行排序：

- □ 电话簿中的人名
- □ 旅行日期
- □ 电子邮件（从新到旧）

需要检查的元素数越来越少

随着排序的进行，每次需要检查的元素数在逐渐减少，最后一次需要检查的元素都只有一个。既然如此，运行时间怎么还是 $O(n^2)$ 呢？这个问题问得好，这与大 O 表示法中的常数相关。第 4 章将详细解释，这里只简单地说一说。

你说的没错，并非每次都需要检查 n 个元素。第一次需要检查 n 个元素，但随后检查的元素数依次为 $n-1, n-2, \cdots, 2$ 和 1。平均每次检查的元素数为 $1/2 \times (n+1)$，因此运行时间为 $O(n \times 1/2 \times (n+1))$。但大 O 表示法省略诸如 1/2 这样的常数（有关这方面的完整讨论，请参阅第 4 章），因此简单地写作 $O(n \times n)$ 或 $O(n^2)$。

选择排序是一种灵巧的算法，但其速度不是很快。快速排序是一种更快的排序算法，其运行时间为 $O(n \log n)$，这将在第 4 章中介绍。

示例代码

前面没有列出对音乐人和乐队进行排序的代码，但下述代码提供了类似的功能：将数组元素按从小到大的顺序排列。先编写一个用于找出数组中最小元素的函数。

```python
def findSmallest(arr):
  smallest = arr[0]            ◄················  存储最小元素
  smallest_index = 0           ◄················  存储最小元素的索引
  for i in range(1, len(arr)):
    if arr[i] < smallest:
      smallest = arr[i]
      smallest_index = i
  return smallest_index
```

现在可以使用这个函数来编写选择排序算法了。

```python
def selectionSort(arr):    ◄················  对数组进行排序
  newArr = []
  copiedArr = list(arr)  // 在修改数组前先复制它
  for i in range(len(copiedArr):
    smallest = findSmallest(copiedArr)  ◄   找出数组中的最小元素，
    newArr.append(copiedArr.pop(smallest))   并将其加入新数组
  return newArr

print(selectionSort([5, 3, 6, 2, 10]))
```

2.4   小结

- ❑ 计算机内存犹如一大堆抽屉。
- ❑ 需要存储多个元素时，可使用数组或链表。
- ❑ 数组的元素都在一起。
- ❑ 链表的元素是分开的，其中每个元素都存储了下一个元素的地址。
- ❑ 数组的读取速度很快。
- ❑ 链表的插入和删除速度很快。

第 3 章

递 归

本章内容

❑ 学习递归。递归是很多算法使用的一种编程方法，是理解本书后续内容的关键。

❑ 学习基线条件和递归条件。第 4 章将介绍的分而治之策略使用这种简单的概念来解决棘手的问题。

我怀着激动的心情编写本章，因为它介绍的是**递归**——一种优雅的问题解决方法。递归是我最喜欢的主题之一，它将人分成 3 个截然不同的阵营：恨它的、爱它的以及恨了几年后又爱上它的。我本人属于第 3 个阵营。为帮助你理解，现有以下建议。

❑ 本章包含很多示例代码，请运行它们，以便搞清楚其中的工作原理。

❑ 请用纸和笔逐步执行至少一个递归函数，就像这样：我使用 5 来调用 fact，这将使用 4 调用 fact，并将返回结果乘以 5，以此类推。这样逐步执行递归函数可搞明白递归函数的工作原理。

本章还包含大量伪代码。**伪代码**是对手头问题的简要描述，看着像代码，但其实更接近自然语言。

3.1 递归

假设你在祖母的阁楼中翻箱倒柜，发现了一个上锁的神秘手提箱。

祖母告诉你，钥匙很可能在下面这个盒子里。

这个盒子里有盒子，而盒子里的盒子又有盒子。钥匙就在某个盒子中。为找到钥匙，你将使用什么算法？先想想这个问题，再接着往下看。

下面是一种方法。

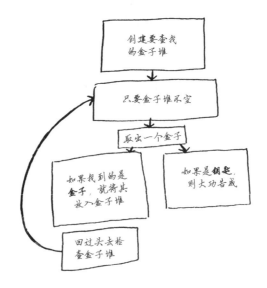

(1) 创建一个要查找的盒子堆。

(2) 从盒子堆取出一个盒子，在里面找。

(3) 如果找到的是盒子，就将其加入盒子堆中，以便以后再查找。

(4) 如果找到钥匙，则大功告成！

(5) 回到第(2)步。

下面是另一种方法。

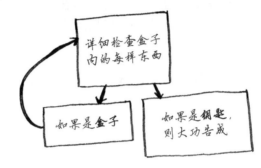

(1) 检查盒子中的每样东西。

(2) 如果是盒子，就回到第(1)步。

(3) 如果是钥匙，就大功告成！

在你看来，哪种方法更容易呢？第 1 种方法使用的是 while 循环：只要盒子堆不空，就从中取一个盒子，并在其中仔细查找。这种方法的伪代码如下。

```
def look_for_key(main_box):
  pile = main_box.make_a_pile_to_look_through()
  while pile is not empty:
    box = pile.grab_a_box()
    for item in box:
      if item.is_a_box():
        pile.append(item)
      elif item.is_a_key():
        print("found the key!")
```

第 2 种方法使用递归——函数调用自己，这种方法的伪代码如下。

```
def look_for_key(box):
  for item in box:
    if item.is_a_box():
      look_for_key(item)        ◄········· 递归！
    elif item.is_a_key():
      print("found the key!")
```

这两种方法的作用相同，但在我看来，第 2 种方法更清晰。递归只是让解决方案更清晰，并没有性能上的优势。实际上，在有些情况下，使用循环的性能更好。我很喜欢 Leigh Caldwell 在 Stack Overflow 上说的一句话："如果使用循环，程序的性能可能更高；如果使用递归，程序可能更容易理解。如何选择要看什么对你来说更重要。"

很多算法使用了递归，因此理解这种概念很重要。

3.2   基线条件和递归条件

由于递归函数调用自己，因此编写这样的函数时很容易出错，进而导致无限循环。例如，假设你要编写一个像下面这样倒计时的函数。

```
> 3...2...1
```

为此，你可以用递归的方式编写，如下所示。

```
def countdown(i):
    print(i)
    countdown(i-1)

countdown(3)
```

如果你运行上述代码，将发现一个问题：这个函数运行起来没完没了！

无限循环

```
> 3...2...1...0...-1...-2...
```

（要让脚本停止运行，可按 Ctrl + C。）

编写递归函数时，必须告诉它何时停止递归。正因为如此，**每个递归函数都有两部分：基线条件**（base case）和**递归条件**（recursive case）。递归条件指的是函数调用自己，而基线条件则指的是函数不再调用自己，从而避免形成无限循环。

我们来给函数 countdown 添加基线条件。

```
def countdown(i):
    print(i)
    if i <= 1:        ◀········ 基线条件
        return
    else:        ◀········ 递归条件
        countdown(i-1)

countdown(3)
```

现在，这个函数将像预期的那样运行，如下所示。

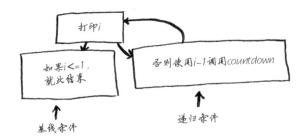

基线条件

递归条件

3

3.3 栈

本节介绍**调用栈**（call stack）。调用栈不仅对编程来说很重要，使用递归时也必须理解这个概念。

假设你去野外烧烤，并为此创建了一个待办事项清单——一叠便条。

本书之前讨论数组和链表时，也有一个待办事项清单。你可将待办事项添加到该清单的任何地方，还可删除任何一个待办事项。一叠便条要简单得多：插入的待办事项放在清单的最前面；读取待办事项时，你只读取最上面的那个，并将其删除。因此这个待办事项清单只有两种操作：**压入**（插入）和**弹出**（读取并删除）。

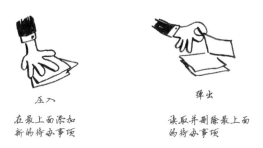

压入

在最上面添加
新的待办事项

弹出

读取并删除最上面
的待办事项

下面来看看如何使用这个待办事项清单。

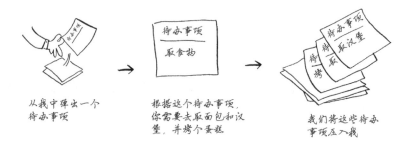

从栈中弹出一个
待办事项

根据这个待办事项，
你需要去取面包和汉
堡，并烤个蛋糕

我们将这些待办
事项压入栈

这种数据结构称为**栈**。栈是一种简单的数据结构，刚才我们一直在使用它，却没有意识到!

3.3.1　调用栈

计算机在内部使用被称为**调用栈**的栈。我们来看看计算机是如何使用调用栈的。下面是一个简单的函数。

```
def greet(name):
    print("hello, " + name + "!")
    greet2(name)
    print("getting ready to say bye...")
    bye()
```

这个函数问候用户，再调用另外两个函数。这两个函数的代码如下。

```
def greet2(name):
    print("how are you, " + name + "?")
def bye():
    print("ok bye!")
```

下面详细介绍调用函数时发生的情况。

说　明

出于简化考虑，这里只介绍调用 greet、greet2 和 bye 时发生的情况，而不介绍调用函数 print 时发生的情况。

假设你调用 greet("maggie")，计算机将首先为该函数调用分配一块内存。

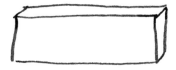

我们来使用这些内存。变量 name 被设置为"maggie"，这需要存储到内存中。

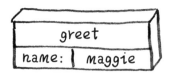

每当你调用函数时，计算机都像这样将函数调用涉及的所有变量的值存储到内存中。接下来，你打印 hello, maggie!，再调用 greet2("maggie")。同样，计算机也为这个函数调用分配一块内存。

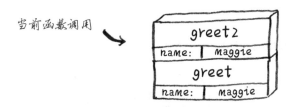

计算机使用一个栈来表示这些内存块，其中第 2 个内存块位于第 1 个内存块上面。你打印 how are you, maggie?，然后从函数调用返回。此时，栈顶的内存块被弹出。

现在，栈顶的内存块是函数 greet 的，这意味着你返回到了函数 greet。当你调用函数 greet2 时，函数 greet 只**执行了一部分**。这是本节的一个重要概念：**调用另一个函数时，当前函数暂停并处于未完成状态**。该函数的所有变量的值都还在调用栈（即内存）中。执行完函数 greet2 后，你回到函数 greet，并从离开的地方开始接着往下执行：首先打印 getting ready to say bye...，再调用函数 bye。

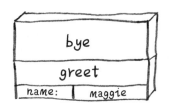

在栈顶添加了函数 bye 的内存块。然后，你打印 ok bye!，并从这个函数返回。

现在你又回到了函数 greet。由于没有别的事情要做，因此你从函数 greet 返回。这个栈用于存储多个函数的变量，被称为**调用栈**。

练习

3.1　根据下面的调用栈，你可获得哪些信息？

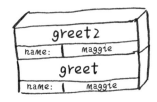

下面来看看递归函数的调用栈。

3.3.2　递归调用栈

递归函数也使用调用栈！来看看递归函数 fact 的调用栈。fact(5)写作 5!，其定义如下：
5! = 5 × 4 × 3 × 2 × 1。同理，fact(3)为 3 × 2 × 1。下面是计算阶乘的递归函数。

```
def fact(x):
  if x == 1:
    return 1
  else:
    return x * fact(x-1)
```

下面来详细分析调用 fact(3)时调用栈是如何变化的。别忘了，栈顶的方框指出了当前执行到了什么地方。

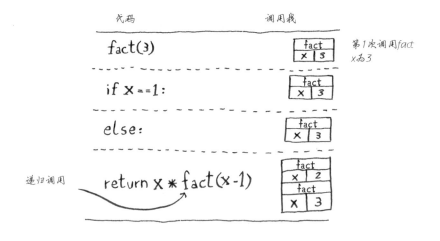

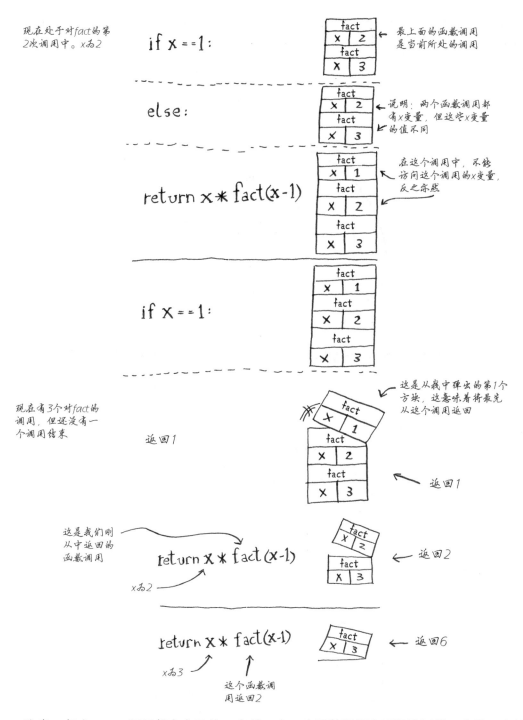

注意，每个 fact 调用都有自己的 x 变量。在一个函数调用中不能访问另一个的 x 变量。

栈在递归中扮演着重要角色。在本章开头的示例中，有两种寻找钥匙的方法。下面再次列出了第 1 种方法。

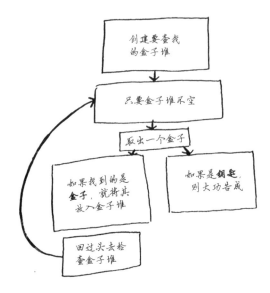

使用这种方法时，你创建一个待查找的盒子堆，因此你始终知道还有哪些盒子需要查找。

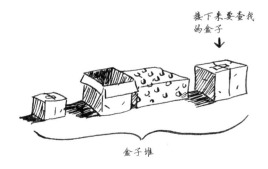

但使用递归方法时，没有盒子堆。

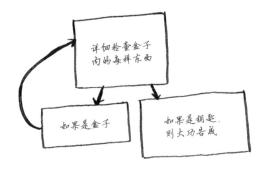

既然没有盒子堆, 那算法怎么知道还有哪些盒子需要查找呢? 下面是一个例子。

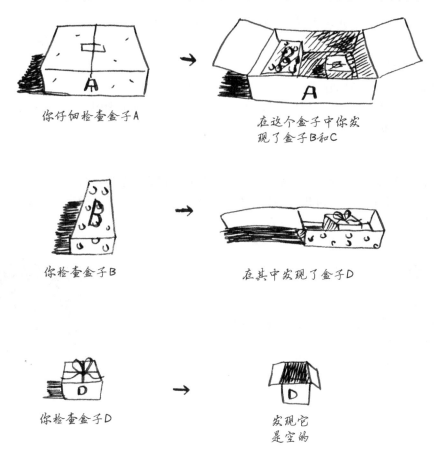

你仔细检查盒子A

在这个盒子中你发
现了盒子B和C

你检查盒子B

在其中发现了盒子D

你检查盒子D

发现它
是空的

此时, 调用栈类似于下面这样。

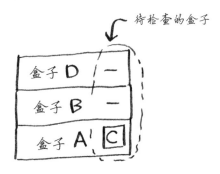

待检查的盒子

盒子D —

盒子B —

盒子A C

原来 "盒子堆" 存储在了栈中! 这个栈包含未完成的函数调用, 每个函数调用都包含还未检查完的盒子。使用栈很方便，因为你无须自己跟踪盒子堆——栈替你这样做了。

使用栈虽然很方便，但是也要付出代价：存储详尽的信息可能占用大量的内存。每个函数调用都要占用一定的内存，如果栈很高，就意味着计算机存储了大量函数调用的信息。在这种情况下，你有两种选择。

- 重新编写代码，转而使用循环。
- 使用**尾递归**。这是一个高级递归主题，不在本书的讨论范围内。另外，并非所有的语言都支持尾递归。

练习

3.2 假设你编写了一个递归函数，但不小心导致它没完没了地运行。正如你看到的，对于每次函数调用，计算机都将为其在栈中分配内存。递归函数没完没了地运行时，将给栈带来什么影响？

3.4 小结

- 递归指的是调用自己的函数。
- 每个递归函数都有两个条件：基线条件和递归条件。
- 栈有两种操作：压入和弹出。
- 所有函数调用都进入调用栈。
- 调用栈可能很长，这将占用大量的内存。

第 4 章

快速排序

本章内容

❑ 学习分而治之。有时候，你可能会遇到使用任何已知的算法都无法解决的问题。优秀的算法学家遇到这种问题时，不会就此放弃，而是尝试使用掌握的各种问题解决方法来找出解决方案。分而治之是你学习的第 1 种通用的问题解决方法。

❑ 学习快速排序——一种常用的优雅的排序算法。快速排序使用分而治之的策略。

前一章深入介绍了递归，本章的重点是使用学到的新技能来解决问题。我们将探索**分而治之**（divide and conquer，D&C）——一种著名的递归式问题解决方法。

本书将深入算法的核心。只能解决一种问题的算法毕竟用处有限，而 D&C 提供了解决问题的思路，是另一个可供你使用的工具。面对新问题时，你不再束手无策，而是自问：“使用分而治之能解决吗？”

在本章末尾，你将学习第一个重要的 D&C 算法——快速排序。快速排序是一种排序算法，速度比第 2 章介绍的选择排序快得多，实属优雅代码的典范。

4.1　分而治之

D&C 并不是那么容易掌握，我将通过 3 个示例来介绍。首先，介绍一个直观的示例；然后，介绍一个代码示例，它不那么好看，但可能更容易理解；最后，详细介绍快速排序——一种使用 D&C 的排序算法。

假设你是农场主，有一小块土地。

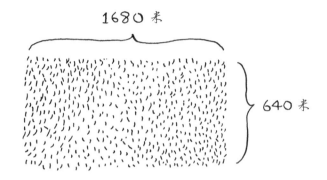

你要将这块地均匀地分成方块，且分出的方块要尽可能大。显然，下面的分法都不符合要求。

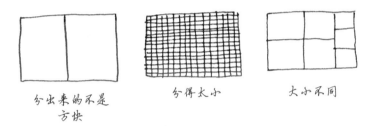

如何将一块地均匀地分成方块，并确保分出的方块是最大的呢？使用 D&C 策略！D&C 算法是递归的。使用 D&C 解决问题的过程包括两个步骤。

(1) 找出基线条件，这种条件必须尽可能简单。

(2) 不断将问题分解（或者说缩小规模），直到符合基线条件。

下面就来使用 D&C 找出前述问题的解决方案。可你能使用的最大方块有多大呢？

首先，找出基线条件。最容易处理的情况是，一条边的长度是另一条边的整数倍。

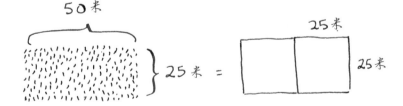

如果一边长 25 米，另一边长 50 米，那么可使用的最大方块为 25 米 × 25 米。换言之，可以将这块地分成两个这样的方块。

现在需要找出递归条件，这正是 D&C 的用武之地。根据 D&C 的定义，每次递归调用都必须缩小问题的规模。如何缩小前述问题的规模呢？我们首先找出这块地可容纳的最大方块。

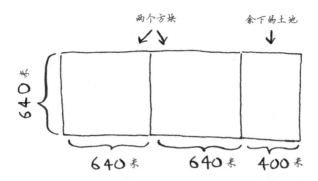

你可以从这块地中划出两个 640 米 × 640 米的方块，同时余下一小块地。现在是顿悟时刻：何不对余下的那一小块地使用相同的算法呢？

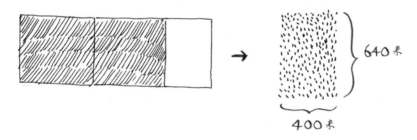

余下的需要划分的土地

最初要划分的土地尺寸为 1680 米 × 640 米，而现在要划分的土地更小，为 640 米 × 400 米。**适用于这小块地的最大方块，也是适用于整块地的最大方块。**换言之，你将均匀划分 1680 米 × 640 米土地的问题，简化成了均匀划分 640 米 × 400 米土地的问题！

欧几里得算法

前面说"适用于这小块地的最大方块，也是适用于整块地的最大方块"，如果你觉得这一点不好理解，也不用担心。这确实不好理解，但遗憾的是，要证明这一点，需要的篇幅有点长，在本书中无法这样做，因此你只能选择相信这种说法是正确的。如果你想搞明白其中的原因，可参阅计算最大公约数的欧几里得算法。可汗学院很清楚地阐述了这种算法。

下面再次使用同样的算法。对于 640 米 × 400 米的土地，可从中划出的最大方块为 400 米 × 400 米。

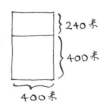

这将余下一块更小的土地，其尺寸为 400 米 × 240 米。

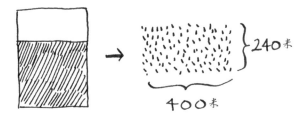

你可从这块土地中划出最大的方块，余下一块更小的土地，其尺寸为 240 米 × 160 米。

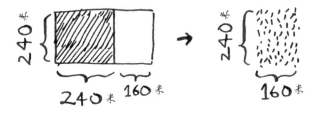

接下来，从这块土地中划出最大的方块，余下一块**更小**的土地。

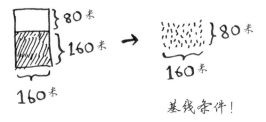

余下的这块土地满足基线条件，因为 160 是 80 的整数倍。将这块土地分成 2 个方块后，将不会余下任何土地！

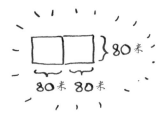

因此，对于最初的那块土地，适用的最大方块为 80 米 × 80 米。

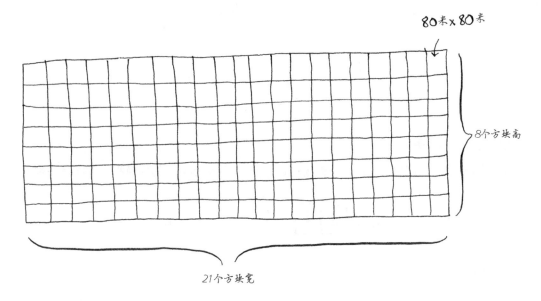

这里重申一下 D&C 的工作原理：

(1) 找出简单的基线条件；

(2) 确定如何缩小问题的规模，使其符合基线条件。

D&C 并非可用于解决问题的算法，而是一种解决问题的思路。我们再来看一个例子。

给定一个数字数组。

你需要将这些数字相加，并返回结果。使用循环很容易完成这种任务。

```python
def sum(arr):
  total = 0
  for x in arr:
    total += x
  return total

print(sum([1, 2, 3, 4]))
```

但如何使用递归函数来完成这种任务呢？

第 1 步：找出基线条件。最简单的数组是什么样呢？请想想这个问题，再接着往下读。如果数组不包含任何元素或只包含 1 个元素，计算总和将非常容易。

$$\text{基线条件} \begin{cases} \boxed{\ } \quad 0 \quad \text{不包含任何元素 = 总和为 } 0 \\ \boxed{7} \quad 1 \quad \text{只包含1个元素 = 总和为 } 7 \end{cases}$$

因此这就是基线条件。

第 2 步：每次递归调用都必须离空数组更近一步。如何缩小问题的规模呢？下面是一种办法。

$$\text{sum}\left(\boxed{2\ |\ 4\ |\ 6}\right) \quad = 12$$

这与下面的版本等效。

$$2 + \text{sum}\left(\boxed{4\ |\ 6}\right) \quad = 2 + 10 = 12$$

这两个版本的结果都为 12，但在第 2 个版本中，给函数 sum 传递的数组更短。换言之，**这缩小了问题的规模！**

函数 sum 的工作原理类似于下面这样。

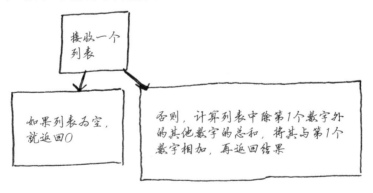

这个函数的运行过程如下。

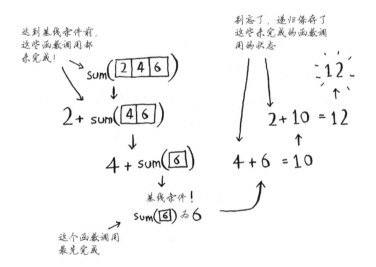

别忘了，递归记录了状态。

提　　示

编写涉及数组的递归函数时，基线条件通常是数组为空或只包含一个元素。陷入困境时，请检查基线条件是不是这样的。

函数式编程一瞥

你可能想，既然使用循环可轻松地完成任务，为何还要使用递归方式呢？看看函数式编程你就明白了！诸如 Haskell 等函数式编程语言没有循环，因此你只能使用递归来编写这样的函数。如果你对递归有深入的认识，函数式编程语言学习起来将更容易。例如，使用 Haskell

时，你可能这样编写函数 sum。

```
sum [] = 0          ◀————————————————— 基线条件
sum (x:xs) = x + (sum xs)    ◀———————— 递归条件
```

注意，这就像是你有函数的两个定义。符合基线条件时运行第 1 个定义，符合递归条件时运行第 2 个定义。也可以使用 Haskell 语言中的 if 语句来编写这个函数。

```
sum arr = if arr == []
            then 0
            else (head arr) + (sum (tail arr))
```

但前一个版本更容易理解。Haskell 广泛使用递归，因此它提供了各种方便实现递归的语法。如果你喜欢递归或想学习一门新语言，可以研究一下 Haskell。

练习

4.1　请编写前述 sum 函数的代码。

4.2　编写一个递归函数来计算列表包含的元素数。

4.3　编写一个递归函数来找出列表中最大的数字。

4.4　还记得第 1 章介绍的二分查找吗？它也是一种 D&C 算法。你能找出二分查找算法的基线条件和递归条件吗？

4.2　快速排序

快速排序是一种常用的排序算法，比选择排序快得多。快速排序也使用了 D&C。

下面来使用快速排序对数组进行排序。对排序算法来说，最简单的数组是什么样呢？还记得前一节的"提示"吗？就是根本不需要排序的数组。

像这样的
数组不用
排序 { 　[ ]　◀— 空数组
　　　　　[20]　◀— 只包含1个元素的数组

因此，基线条件是数组为空或只包含 1 个元素。在这种情况下，只需原样返回数组——根本就不用排序。

```
def quicksort(array):
  if len(array) < 2:
    return array
```

我们来看看更长的数组。对包含 2 个元素的数组进行排序也很容易。

包含 3 个元素的数组呢?

33 15 10

别忘了,你要使用 D&C,因此需要将数组分解,直到满足基线条件。下面介绍快速排序的工作原理。首先,从数组中选择一个元素,这个元素被称为**基准值**(pivot)。

稍后再介绍如何选择合适的基准值。我们暂时将数组的第 1 个元素用作基准值。

接下来,找出比基准值小的元素以及比基准值大的元素。

这被称为**分区**(partitioning)。现在你有:

❑ 一个由所有小于基准值的数字组成的子数组;
❑ 基准值;
❑ 一个由所有大于基准值的数字组成的子数组。

这里只是进行了分区,得到的两个子数组是无序的。但如果这两个数组是有序的,对整个数组进行排序将非常容易。

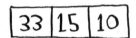

如果子数组是有序的,就可以像下面这样合并得到一个有序的数组:左边的数组 + 基准值 + 右边的数组。在这里,就是[10, 15] + [33] + [],结果为有序数组[10, 15, 33]。

如何对子数组进行排序呢? 对于空数组（右边的子数组），快速排序算法的基线条件知道如何将其排序，而对于包含 2 个元素的数组（左边的子数组），可递归地进行排序。因此只要对这 2 个子数组进行快速排序，再合并结果，就能得到一个有序数组!

```
quicksort([15, 10]) + [33] + quicksort([])
> [10, 15, 33]◄·····················一个有序数组
```

不管将哪个元素用作基准值，这里的策略都管用。假设你将 15 用作基准值。

这些子数组都只有 1 个元素，而你知道如何对这些数组进行排序。现在你就知道如何对包含 3 个元素的数组进行排序了，步骤如下。

(1) 选择基准值。

(2) 将数组分成 2 个子数组：小于基准值的元素组成的子数组和大于基准值的元素组成的子数组。

(3) 对这 2 个子数组进行快速排序。

包含 4 个元素的数组呢?

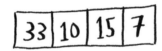

假设你也将 33 用作基准值。

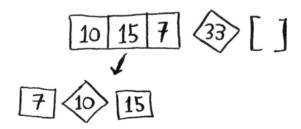

左边的子数组包含 3 个元素，而你知道如何对包含 3 个元素的数组进行排序：对其递归地调用快速排序。

因此你能够对包含 4 个元素的数组进行排序。如果能够对包含 4 个元素的数组进行排序，就能够对包含 5 个元素的数组进行排序。为什么呢？假设有下面这样一个包含 5 个元素的数组。

根据选择的基准值，对这个数组进行分区的各种可能方式如下。

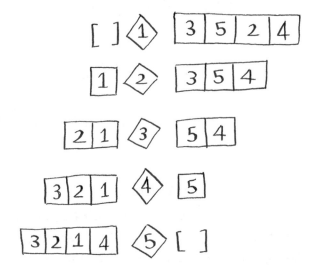

注意，这些子数组包含的元素个数都在 0~4 内，而你已经知道如何使用快速排序对包含 0~4 个元素的数组进行排序！因此，不管如何选择基准值，你都可对划分得到的 2 个子数组递归地进行快速排序。

例如，假设你将 3 用作基准值，可对得到的子数组进行快速排序。

将子数组排序后，将它们合并，得到一个有序数组。即便你将 5 用作基准值，这也可行。

qsort (3 2 1 4) ◇5 qsort ([ ])

↓

1 2 3 4 ◇5 [ ]

↓

1 2 3 4 5

将任何元素用作基准值都可行，因此你能够对包含 5 个元素的数组进行排序。同理，你能够对包含 6 个元素的数组进行排序，以此类推。

归纳证明

刚才你大致见识了归纳证明！归纳证明是一种证明算法行之有效的方式，它包含基线条件和归纳条件。是不是有点似曾相识的感觉？例如，假设我要证明我能爬到梯子的最上面。归纳条件是这样的：如果我站在一个横档上，就能将脚放到上一个横档上。换言之，如果我站在第 2 个横档上，就能爬到第 3 个横档。这就是归纳条件。而基线条件是这样的，即我已经站在第 1 个横档上。因此，通过每次爬一个横档，我就能爬到梯子最顶端。

对于快速排序，可使用类似的推理。在基线条件中，我证明这种算法对空数组或包含 1 个元素的数组管用。在归纳条件中，我证明如果快速排序对包含 1 个元素的数组管用，对包含 2 个元素的数组也将管用；如果它对包含 2 个元素的数组管用，对包含 3 个元素的数组也将管用，以此类推。因此，我可以说，快速排序对任何长度的数组都管用。这里不再深入讨论归纳证明，但它很有趣，并与 D&C 协同发挥作用。

下面是快速排序的代码。

```python
def quicksort(array):
  if len(array) < 2:
    return array          ◄·········· 基线条件：为空或只包含 1 个元素的数组是"有序"的
  else:
    pivot = array[0]      ◄········ 选择基准值
    less = [i for i in array[1:] if i <= pivot]     ◄·········· 由所有小于等于基准值的
                                                                元素组成的子数组

    greater = [i for i in array[1:] if i > pivot]   ◄·········· 由所有大于基准值的
                                                                元素组成的子数组

    return quicksort(less) + [pivot] + quicksort(greater)

print(quicksort([10, 5, 2, 3]))
```

4.3　再谈大 O 表示法

　　快速排序的独特之处在于，其速度取决于选择的基准值。在讨论快速排序的运行时间前，我们再来看看最常见的大 O 运行时间。

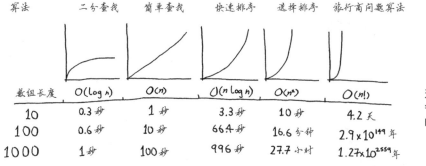

　　上面图表中的时间是基于每秒执行 10 次操作计算得到的。这些数据并不准确，这里提供它们只是想让你对这些运行时间的差别有大致认识。实际上，计算机每秒执行的操作远不止 10 次。

　　对于每种运行时间，本书还列出了相关的算法。来看看第 2 章介绍的选择排序，其运行时间为 $O(n^2)$，速度非常慢。

　　还有一种名为**合并排序**（merge sort）的排序算法，其运行时间为 $O(n \log n)$，比选择排序快得多！快速排序的情况比较棘手，在最糟情况下，其运行时间为 $O(n^2)$。

　　与选择排序一样慢！但这是最糟情况。在平均情况下，快速排序的运行时间为 $O(n \log n)$。你可能会有如下疑问。

- ❏ 这里说的**最糟情况**和**平均情况**是什么意思呢？
- ❏ 若快速排序在平均情况下的运行时间为 $O(n \log n)$，而合并排序的运行时间总是 $O(n \log n)$，为何不使用合并排序？它不是更快吗？

4.3.1　比较合并排序和快速排序

假设有下面这样打印列表中每个元素的简单函数。

```
def print_items(myList):
  for item in myList:
    print(item)
```

这个函数遍历列表中的每个元素并将其打印出来。它选代整个列表一次，因此运行时间为 $O(n)$。现在假设你对这个函数进行修改，使其在打印每个元素前都休眠 1 秒钟。

```
from time import sleep
def print_items2(myList):
  for item in myList:
    sleep(1)
    print(item)
```

它在打印每个元素前都休眠 1 秒钟。假设你使用这两个函数来打印一个包含 5 个元素的列表。

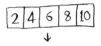

print_items: 2 46810

print_items2: <休眠>　2 <休眠>　4 <休眠>　6 <休眠>　8 <休眠>　10

这两个函数都迭代整个列表一次，因此它们的运行时间都为 $O(n)$。你认为哪个函数的速度更快呢？我认为 print_items 要快得多，因为它没有在每次打印元素前都休眠 1 秒钟。因此，虽然使用大 O 表示法表示时，这两个函数的速度相同，但实际上 print_items 的速度更快。在大 O 表示法 $O(n)$ 中，n 实际上指的是这样的。

$c*n$

固定的时间量

c 是算法所需的固定时间量，被称为**常量**。例如，print_ items 所需的时间可能是 10 毫秒 × n，而 print_items2 所需的时间为 1 秒 × n。

通常不考虑这个常量，因为如果两种算法的大 O 运行时间不同，这种常量将无关紧要。就拿二分查找和简单查找来举例说明。假设这两种算法的运行时间包含如下常量。

$$10_{毫秒} * n$$
简单查找

$$1_{秒} * \log n$$
二分查找

你可能认为，简单查找的常量为 10 毫秒，而二分查找的常量为 1 秒，因此简单查找的速度要快得多。现在假设你要在包含 40 亿个元素的列表中查找，所需时间将如下。

$$简单查找 \quad | \quad 10_{毫秒} \times 40_亿 \quad = \quad 463_天$$

$$二分查找 \quad | \quad 1_秒 \times 32 \quad = \quad 32_秒$$

对于二分查找，这里乘了 32，这是因为二分查找的运行速度为对数时间，而 log(40 亿)为 32。正如你看到的，二分查找的速度还是快得多，常量根本没有什么影响。

但有时候，常量的影响可能很大，对快速排序和合并排序来说就是如此。如果快速排序和合并排序的实现方式导致运行时间都为 $O(n \log n)$，快速排序的速度将更快。实际上，快速排序的速度确实更快，因为相对于遇上最糟情况，它遇上平均情况的可能性要大得多。

此时你可能会问，何为平均情况，何为最糟情况呢？

4.3.2 平均情况和最糟情况

快速排序的性能高度依赖于你选择的基准值。假设你总是将第 1 个元素用作基准值，且要处理的数组是有序的。由于快速排序算法不检查输入数组是否有序，因此它依然尝试对其进行排序。

注意，数组并没有被分成两半，相反，其中一个子数组始终为空，这导致调用栈非常长。现在假设你总是将中间的元素用作基准值，在这种情况下，调用栈如下。

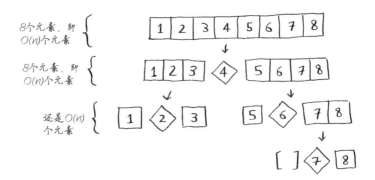

调用栈短得多！因为你每次都将数组分成两半，所以不需要那么多递归调用。你很快就达到了基线条件，因此调用栈短得多。

第 1 个示例展示的是最糟情况，而第 2 个示例展示的是最佳情况。在最糟情况下，栈长为 $O(n)$，而在最佳情况下，栈长为 $O(\log n)$。要知道这将如何影响最糟情况和最佳情况下的运行时间，请接着往下看。

现在来看看栈的第 1 层。你将一个元素用作基准值，并将其他的元素划分到 2 个子数组中。这涉及数组中的全部 8 个元素，因此该操作的时间为 $O(n)$。在调用栈的第 1 层，涉及全部 8 个元素，但实际上，调用栈的每层都涉及 $O(n)$ 个元素。

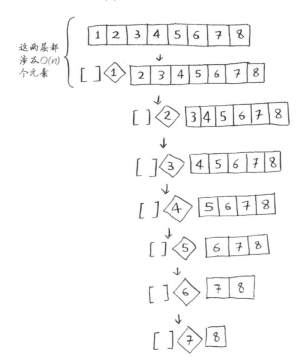

即便以不同的方式划分数组，每次也将涉及 $O(n)$ 个元素。

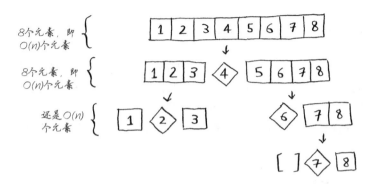

在这个示例中，层数为 $O(\log n)$（用技术术语说，调用栈的高度为 $O(\log n)$），而每层需要的时间为 $O(n)$。因此整个算法需要的时间为 $O(n) \times O(\log n) = O(n \log n)$。这就是最佳情况。

在最糟情况下，有 $O(n)$ 层，因此该算法的运行时间为 $O(n) \times O(n) = O(n^2)$。

知道吗？这里要告诉你的是，最佳情况也是平均情况。只要你每次都随机地选择一个数组元素作为基准值，快速排序的平均运行时间就将为 $O(n \log n)$；一个例外情况是，在数组中所有元素的值都相同的情况下，如果没有添加额外的逻辑，结果总是最佳情况。

快速排序是最快的排序算法之一，也是 D&C 典范。

练习

使用大 O 表示法时，下面各种操作都需要多长时间？

4.5 打印数组中每个元素的值。

4.6 将数组中每个元素的值都乘以 2。

4.7 只将数组中第 1 个元素的值乘以 2。

4.8 根据数组包含的元素创建一个乘法表，即如果数组为[2, 3, 7, 8, 10]，首先将每个元素都乘以 2，再将每个元素都乘以 3，然后将每个元素都乘以 7，以此类推。

	2	3	7	8	10
2	4	6	14	16	20
3	6	9	21	24	30
7	14	21	49	56	70
8	16	24	56	64	80
10	20	30	70	80	100

4.4　小结

- ❑ D&C 将问题逐步分解。使用 D&C 处理列表时，基线条件很可能是空数组或只包含一个元素的数组。
- ❑ 实现快速排序时，请随机地选择用作基准值的元素。快速排序的平均运行时间为 $O(n \log n)$。
- ❑ 即便两种算法的大 O 运行时间相同，也可能出现其中一种算法总是比另一种算法快的情况，这就是快速排序比合并排序快的原因所在。
- ❑ 比较简单查找和二分查找时，常量几乎无关紧要，因为列表很长时，$O(\log n)$ 的速度比 $O(n)$ 快得多。

第5章

哈希表

本章内容

☐ 学习哈希表——最有用的数据结构之一。哈希表用途广泛，本章将介绍其常见的用途。

☐ 学习哈希表的内部机制：实现、冲突和哈希函数。这些知识有助于理解如何分析哈希表的性能。

假设你在一家杂货店上班。有顾客来买东西时，你得在一个本子中查找价格。如果本子的内容不是按字母顺序排列的，你可能为查找**苹果**（apple）的价格而浏览每一行，这需要很长的时间。此时你使用的是第 1 章介绍的简单查找，需要浏览每一行。还记得这需要多长时间吗？$O(n)$。如果本子的内容是按字母顺序排列的，可使用二分查找来找出苹果的价格，这需要的时间更短，为 $O(\log n)$。

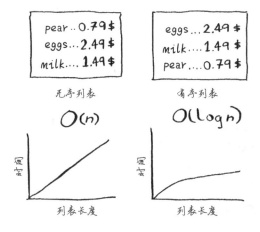

需要提醒你的是，运行时间 $O(n)$ 和 $O(\log n)$ 之间有天壤之别！假设你每秒能够看 10 行，使用简单查找和二分查找所需的时间将如下。

你知道，二分查找的速度非常快。但作为收银员，在本子中查找价格是件很痛苦的事情，哪怕本子的内容是有序的。在查找价格时，你都能感觉到顾客的怒气。看来真的需要一名能够记住所有商品价格的雇员，这样你就不用查找了——问她就能马上知道答案。

不管商品有多少，这位雇员（假设她的名字为 Maggie）报出任何商品的价格的时间都为 $O(1)$，速度比二分查找都快。

真是太厉害了！如何聘到这样的雇员呢？

下面从数据结构的角度来看看。前面介绍了两种数据结构：数组和链表（其实还有栈，但栈并不能用于查找）。你可使用数组来实现记录商品价格的本子。

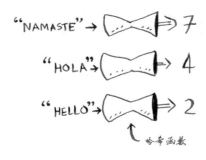

这种数组的每个元素包含两项内容：商品名和价格。如果将这个数组按商品名的字母顺序排序，就可使用二分查找在其中查找商品的价格。这样查找价格的时间将为 $O(\log n)$。然而，你希望查找商品价格的时间为 $O(1)$，即你希望查找速度像 Maggie 那么快，这正是哈希函数的用武之地。

5.1 哈希函数

哈希函数是这样的函数：无论你给它什么数据，它都还你一个数字。

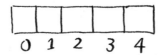

如果用专业术语来表达的话，我们会说，哈希函数"将输入映射到数字"。你可能认为哈希函数输出的数字没什么规律，但其实哈希函数必须满足一些要求。

- ❑ 它必须是一致的。例如，假设你输入 apple 时得到的是 3，那么每次输入 apple 时，得到的都必须为 3。如果不是这样，哈希表将毫无用处。
- ❑ 它应将不同的输入映射到不同的数字。例如，一个哈希函数不管输入是什么都返回 1，它就不是好的哈希函数。最理想的情况是，将不同的输入映射到不同的数字。

哈希函数将输入映射到数字，这有何用途呢？你可使用它来打造你的"Maggie"！

为此，首先创建一个空数组。

你将在这个数组中存储商品的价格。下面来将苹果的价格存储到这个数组中。为此，将 apple 作为输入交给哈希函数。

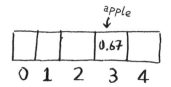

哈希函数的输出为 3，因此我们将苹果的价格存储到数组的索引 3 处。

下面将**牛奶**（milk）的价格存储到数组中。为此，将 milk 作为哈希函数的输入。

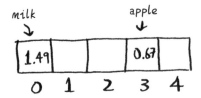

哈希函数的输出为 0，因此我们将牛奶的价格存储在索引 0 处。

不断地重复这个过程，最终整个数组将填满价格。

现在假设需要知道**鳄梨**（avocado）的价格。你无须在数组中查找，只需将 avocado 作为输入交给哈希函数。

它将告诉你鳄梨的价格存储在索引 4 处。果然，你在那里找到了。

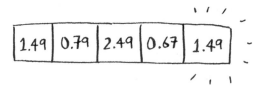

哈希函数准确地指出了价格的存储位置，你根本不用查找！之所以能够这样，具体原因如下。

- 哈希函数总是将同样的输入映射到相同的索引。每次你输入 avocado，得到的都是同一个数字。因此，你可首先使用它来确定将鳄梨的价格存储在什么地方，并在以后使用它来确定鳄梨的价格存储在什么地方。
- 哈希函数将不同的输入映射到不同的索引。avocado 映射到索引 4，milk 映射到索引 0。每种商品都映射到数组的不同位置，让你能够将其价格存储到这里。
- 哈希函数知道数组有多大，只返回有效的索引。如果数组包含 5 个元素，哈希函数就不会返回无效索引 100。

刚才你就打造了一个 "Maggie"！你结合使用哈希函数和数组创建了一种被称为**哈希表**（hash table）的数据结构。哈希表是你学习的第一种包含额外逻辑的数据结构。数组和链表都被直接映射到内存，但哈希表更复杂，它使用哈希函数来确定元素的存储位置。

在你将学习的复杂数据结构中，哈希表可能是最有用的。哈希表的速度很快！还记得第 2 章关于数组和链表的讨论吗？你可以立即获取数组中的元素，而哈希表也使用数组来存储数据，因此其获取元素的速度与数组一样快。

存在的隐患

刚才说的哈希函数属于完美的哈希函数，它将每种商品都映射到不同的数组索引。

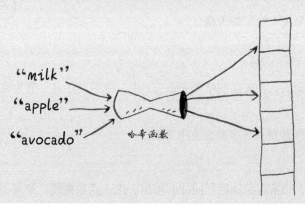

在上图中，每种商品都有对应的数组索引。但实际上，建立的可能不是如此完美的一对一映射关系。换而言之，不同的商品可能共享索引，即多种商品被映射到同一个数组索引，同时数组的有些位置是空的。

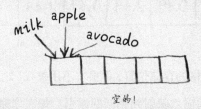

空的！

本章后面的"冲突"一节将讨论这个问题。就目前而言，你只需知道这一点就够了：哈希表虽然很有用，但很少像前面那样完美地将每种商品映射到不同的位置。

顺便说一句，这种一对一映射被称为单射函数。

你可能根本不需要自己去实现哈希表，任一优秀的程序设计语言都提供了哈希表实现。Python 提供的哈希表实现为**字典**，你可使用一对空的花括号来创建哈希表。

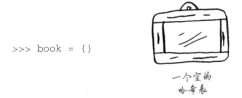

```
>>> book = {}
```

一个空的
哈希表

创建哈希表 book 后，在其中添加一些商品的价格。

```
>>> book["apple"] = 0.67    ◄────────── 苹果的价格为 67 美分
>>> book["milk"] = 1.49     ◄────────── 牛奶的价格为 1.49 美元
>>> book["avocado"] = 1.49
>>> print(book)
{'avocado': 1.49, 'apple': 0.67, 'milk': 1.49}
```

非常简单！我们来查询鳄梨的价格。

```
>>> print(book["avocado"])
1.49    ◄────────── 鳄梨的价格
```

一个包含商品价格
的哈希表

哈希表由键和值组成。在前面的哈希表 book 中，键为商品名，值为商品价格。哈希表将键映射到值。

在下一节中，你将看到一些哈希表应用案例。

练习

对于同样的输入，哈希表必须返回同样的输出，这一点很重要。如果不是这样的，就无法找到你在哈希表中添加的元素！

请问下面哪些哈希函数是一致的?

5.1 `f(x) = 1` ◄⋯⋯ 无论输入什么，都返回 1

5.2 `f(x) = random.random()` ◄⋯⋯ 每次都返回一个随机数

5.3 `f(x) = next_empty_slot()` ◄⋯⋯ 返回哈希表中下一个
空位置的索引

5.4 `f(x) = len(x)` ◄⋯⋯ 将字符串的长度用作索引

5.2　应用案例

哈希表用途广泛，本节将介绍几个应用案例。

5.2.1　将哈希表用于查找

手机都内置了方便的电话簿，其中每个姓名都有对应的电话号码。

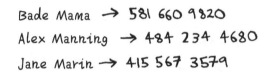

Bade Mama → 581 660 9820

Alex Manning → 484 234 4680

Jane Marin → 415 567 3579

假设你要创建一个类似这样的电话簿，将姓名映射到电话号码。该电话簿需要提供如下功能。

❑ 添加联系人姓名及其电话号码。
❑ 通过输入联系人姓名来获悉其电话号码。

这非常适合使用哈希表来实现！在下述情况下，使用哈希表是很不错的选择。

❑ 创建映射。
❑ 查找。

创建电话簿非常容易。首先，新建一个哈希表。

```
>>> phone_book = {}
```

下面在这个电话簿中添加一些联系人的电话号码。

```
>>> phone_book["jenny"] = 8675309
>>> phone_book["emergency"] = 911
```

这就成了！现在，假设你要查找 Jenny 的电话号码，为此只需向哈希表传入相应的键。

```
>>> print(phone_book["jenny"])
8675309  ◄⋯⋯ Jenny 的电话号码
```

使用哈希表创建
的电话簿

如果要求你使用数组来创建电话簿，你将如何做呢？哈希表让你能够轻松地模拟映射关系。

哈希表被用于大海捞针式的查找。例如，你在访问像 https://adit.io 这样的网站时，计算机必须将 adit.io 转换为 IP 地址。

Adit.io → 173.255.248.55

无论你访问哪个网站，其网址都必须转换为 IP 地址。

Google → 74.125.239.133
Facebook → 173.252.120.6
Scribd → 23.235.47.175

这不是将网址映射到 IP 地址吗？好像非常适合使用哈希表啰！这个过程被称为 **DNS 解析**（DNS resolution），哈希表是实现这种功能的方式之一。计算机包含 DNS 缓存，其中存储了用户最近访问过的网站的网址到 IP 地址的映射；要创建 DNS 缓存，一种不错的方式是使用哈希表。

5.2.2　防止重复

假设你负责管理一个投票站。显然，每人只能投一票，但如何避免重复投票呢？有人来投票时，你询问他的全名，并将其与已投票者名单进行比对。

如果名字在名单中，就说明这个人投过票了，因此将他拒之门外！否则，就将他的姓名加入名单，并让他投票。现在假设有很多人来投过票了，因此名单非常长。

　　每次有人来投票时，你都得浏览这个长长的名单，以确定他是否投过票。但有一种更好的办法，那就是使用哈希表！

　　为此，首先创建一个哈希表，用于记录已投票的人。

```
>>> voted = {}
```

　　有人来投票时，检查他是否在哈希表中。

```
>>> value = "tom" in voted
```

　　如果"tom"在哈希表中，value 的值将为 True，否则为 False。你可据此判断来投票的人是否投过票！

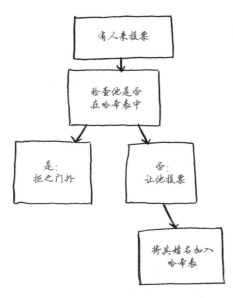

代码如下。

```
voted = {}

def check_voter(name):
  if name in voted:
    print("kick them out!")
  else:
    voted[name] = True
    print("let them vote!")
```

我们来测试几次。

```
>>> check_voter("tom")
let them vote!
>>> check_voter("mike")
let them vote!
>>> check_voter("mike")
kick them out!
```

首先来投票的是 Tom，该哈希表打印 let them vote!。接着 Mike 来投票，打印的也是 let them vote!。然后，Mike 又来投票，于是打印的就是 kick them out!。

别忘了，如果你将已投票者的姓名存储在列表中，这个函数的速度终将变得非常慢，因为它必须使用简单查找搜索整个列表。但这里将它们存储在了哈希表中，而哈希表让你能够迅速知道来投票的人是否投过票。使用哈希表来检查是否重复，速度非常快。

5.2.3　将哈希表用作缓存

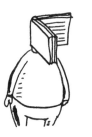

来看最后一个应用案例：缓存。如果你在网站工作，可能听说过进行缓存是一种不错的做法。下面简要地介绍其中的原理。假设你访问 Facebook 网站。

(1) 你向 Facebook 的服务器发出请求。

(2) 服务器做些处理，生成一个网页并将其发送给你。

(3) 你获得一个网页。

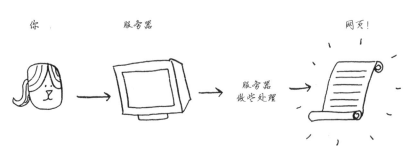

例如,Facebook 的服务器可能搜集你朋友的最近活动,以便向你显示这些信息,这需要几秒的时间。作为用户的你,可能感觉这几秒很久,进而可能认为 Facebook 怎么这么慢!与此同时,Facebook 的服务器必须为数以百万计的用户提供服务,每个人的几秒累积起来就相当多了。为服务好所有用户,Facebook 的服务器实际上在很努力地工作。有没有办法让 Facebook 的服务器少做些工作呢?

假设你有个侄女,总是没完没了地问你有关星球的问题。火星离地球多远?月球呢?木星呢?每次你都得在 Google 搜索,再告诉她答案。这需要几分钟。现在假设她老问你月球离地球多远,很快你就记住了月球离地球约 238 900 英里①。因此不必再去 Google 搜索,你就可以直接告诉她答案。这就是缓存的工作原理:网站将数据记住,而不再重新计算。

如果你登录了 Facebook,你看到的所有内容都是为你定制的。你每次访问 Facebook 网站,其服务器都需考虑你对什么内容感兴趣。但如果你没有登录,看到的将是登录页面。每个人看到的登录页面都相同。Facebook 被反复要求做同样的事情:"当我注销时,请向我显示主页。"有鉴于此,它不让服务器去生成主页,而是将主页存储起来,并在需要时将其直接发送给用户。

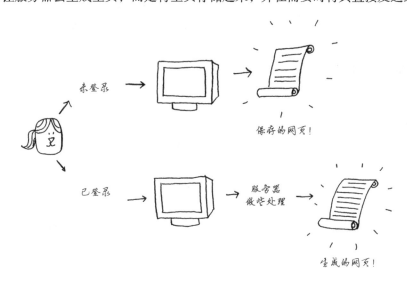

这就是**缓存**,具有如下两个优点。

❑ 用户能够更快地看到网页,就像你记住了月球与地球之间的距离时一样。下次你侄女再问你时,你就不用再使用 Google 搜索,立刻就可以告诉她答案。

❑ Facebook 需要做的工作更少。

缓存是一种常用的加速方式,所有大型网站都使用缓存,而缓存的数据则存储在哈希表中!

① 1 英里约为 1.61 千米。——编者注

Facebook 不仅缓存主页，还缓存 About 页面、Contact 页面、Terms and Conditions 页面等众多其他的页面。因此，它需要将页面 URL 映射到页面数据。

当你访问 Facebook 的页面时，它首先检查哈希表中是否存储了该页面。

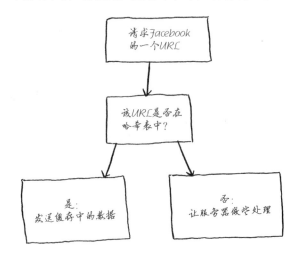

相关的伪代码如下。

```
cache = {}

def get_page(url):
  if url in cache:
    return cache[url]          ◁⋯⋯⋯⋯⋯⋯ 返回缓存的数据
  else:
    data = get_data_from_server(url)
    cache[url] = data          ◁⋯⋯⋯⋯⋯⋯ 先将数据保存到缓存中
    return data
```

仅当 URL 不在缓存中时，你才让服务器做些处理，并将处理生成的数据存储到缓存中，再返回数据。这样，当下次有人请求该 URL 时，你就可以直接发送缓存中的数据，而不用再让服务器进行处理了。

5.2.4　小结

这里小结一下，哈希表适合用于：

❑ 模拟映射关系；
❑ 防止重复；
❑ 缓存/记住数据，以免服务器再通过处理来生成它们。

5.3 冲突

前面说过，大多数语言提供了哈希表实现，你不用知道如何实现它们。有鉴于此，我就不再过多地讨论哈希表的内部原理，但你依然需要考虑性能！要明白哈希表的性能，你得先搞清楚什么是冲突。本节和下一节将分别介绍冲突和性能。

首先，我撒了一个善意的谎。我之前告诉你的是，哈希函数总是将不同的键映射到数组的不同位置。

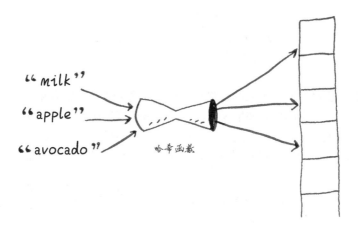

实际上，几乎不可能编写出这样的哈希函数。我们来看一个简单的示例。假设你有一个数组，它包含 26 个位置。

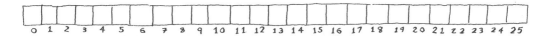

而你使用的哈希函数非常简单，它按字母表顺序分配数组的位置。

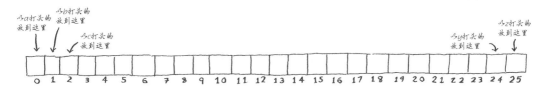

你可能已经看出了问题。如果你要将苹果的价格存储到哈希表中，分配给你的是第 1 个位置。

0.67 apple

接下来，你要将香蕉的价格存储到哈希表中，分配给你的是第 2 个位置。

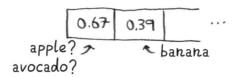

一切顺利！但现在你要将鳄梨的价格存储到哈希表中，分配给你的又是第 1 个位置。

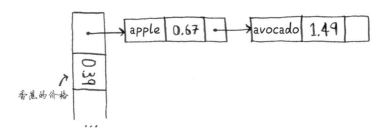

不好，这个位置已经存储了苹果的价格！怎么办？这种情况被称为**冲突**（collision）：给两个键分配的位置相同。这是个问题。如果你将鳄梨的价格存储到这个位置，将覆盖苹果的价格，以后再查询苹果的价格时，得到的将是鳄梨的价格！冲突很糟糕，必须要避免。处理冲突的方式很多，最简单的办法是：如果两个键映射到了同一个位置，就在这个位置存储一个链表。

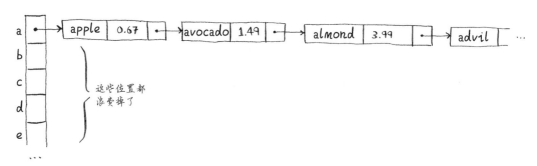

在这个例子中，apple 和 avocado 映射到了同一个位置，因此在这个位置存储一个链表。在需要查询香蕉的价格时，速度依然很快。但在需要查询苹果的价格时，速度要慢些：你必须在相应的链表中找到 apple。如果这个链表很短，也没什么大不了——只需搜索三四个元素。但是，假设你工作的杂货店只销售名称以字母 a 打头的商品。

等等！除第 1 个位置外，整个哈希表都是空的，而第 1 个位置包含一个很长的列表！换言之，这个哈希表中的所有元素都在这个链表中，这与一开始就将所有元素存储到一个链表中一样糟糕：哈希表的速度会很慢。

这里的经验教训有两个。

- **哈希函数很重要**。前面的哈希函数将所有的键都映射到一个位置，而最理想的情况是，哈希函数将键均匀地映射到哈希表的不同位置。
- 如果哈希表存储的链表很长，哈希表的速度将急剧下降。然而，**如果使用的哈希函数很好**，这些链表就不会很长！

哈希函数很重要，好的哈希函数很少导致冲突。那么，如何选择好的哈希函数呢？稍后将介绍！

5.4 性能

本章开头是假设你在杂货店工作。你想打造一个让你能够迅速获悉商品价格的工具，而哈希表的速度确实很快。

	平均情况	最糟情况
查找	$O(1)$	$O(n)$
插入	$O(1)$	$O(n)$
删除	$O(1)$	$O(n)$

哈希表的性能

在平均情况下，哈希表执行各种操作的时间都为 $O(1)$。$O(1)$ 被称为**常量时间**。你以前没有见过常量时间，它并不意味着马上，而是说不管哈希表多大，所需的时间都相同。例如，你知道的，简单查找的运行时间为线性时间。

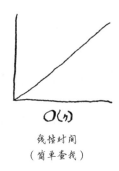

$O(n)$

线性时间
（简单查找）

二分查找的速度更快，所需时间为对数时间。

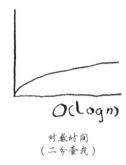

对数时间
（二分查找）

在哈希表中查找所花费的时间为常量时间。

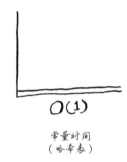

常量时间
（哈希表）

一条水平线，看到了吧？这意味着无论哈希表包含一个元素还是 10 亿个元素，从其中获取数据所需的时间都相同。实际上，你以前见过常量时间——从数组中获取一个元素所需的时间就是固定的：不管数组多大，从中获取一个元素所需的时间都是相同的。在平均情况下，哈希表的速度确实很快。

在最糟情况下，哈希表所有操作的运行时间都为 $O(n)$——线性时间，这真的很慢。我们来将哈希表同数组和链表比较一下。

	哈希表 （平均情况）	哈希表 （最糟情况）	数组	链表
查找	$O(1)$	$O(n)$	$O(1)$	$O(n)$
插入	$O(1)$	$O(n)$	$O(n)$	$O(1)$
删除	$O(1)$	$O(n)$	$O(n)$	$O(1)$

在平均情况下，哈希表的查找（获取给定索引处的值）速度与数组一样快，而插入和删除速度与链表一样快，因此它兼具两者的优点！但在最糟情况下，哈希表的各种操作的速度都很慢。因此，在使用哈希表时，避开最糟情况至关重要。为此，需要避免冲突。而要避免冲突，需要有：

❑ 较小的填装因子；
❑ 良好的哈希函数。

说　明

接下来的内容并非必读的，我将讨论如何实现哈希表，但你根本就不需要这样做。不管你使用的是哪种编程语言，其中都内置了哈希表实现。你可使用内置的哈希表，并假定其性能良好。下面带你去看看幕后的情况。

5

5.4.1 填装因子

哈希表的填装因子很容易计算。

$$\frac{\text{哈希表包含的元素数}}{\text{位置总数}}$$

哈希表使用数组来存储数据，因此你需要计算数组中被占用的位置数。例如，下述哈希表的填装因子为 2/5，即 0.4。

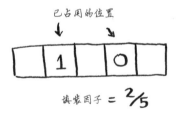

下面这个哈希表的填装因子为多少呢？

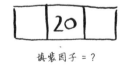

如果你的答案为 1/3，那就对了。填装因子度量的是哈希表的填充程度。

假设你要在哈希表中存储 100 种商品的价格，而该哈希表包含 100 个位置。那么在最佳情况下，每个商品都将有自己的位置。

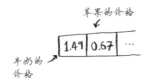

这个哈希表的填装因子为 1。如果这个哈希表只有 50 个位置呢？填装因子将为 2。不可能让每种商品都有自己的位置，因为没有足够的位置！填装因子大于 1 意味着商品数超过了数组的位置数。当填装因子比较大时，你就需要在哈希表中添加位置，这被称为**调整长度**（resizing）。例如，假设有一个像下面这样快要满的哈希表。

你就需要调整它的长度。为此，你首先创建一个更长的新数组：通常将数组增长一倍。

接下来，你需要使用 hash 函数将所有的元素都插入这个新的哈希表。

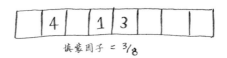

这个新哈希表的填装因子为 3/8，比原来小多了！填装因子越小，发生冲突的可能性越小，哈希表的性能越高。一个不错的经验规则是：一旦填装因子大于 0.7，就调整哈希表的长度。

你可能在想，调整哈希表长度的工作需要很长时间！你说得没错，调整长度的开销很大，因此你不会希望频繁地这样做。但平均而言，即便考虑到调整长度所需的时间，哈希表操作所需的时间也为 $O(1)$。

5.4.2　良好的哈希函数

良好的哈希函数让数组中的值呈均匀分布。

糟糕的哈希函数让值扎堆,导致大量的冲突。

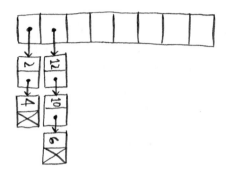

什么样的哈希函数是良好的呢?你根本不用操心——有聪明的人替你操心。如果你好奇,可研究一下 CityHash。CityHash 是 Google Abseil 库使用的哈希函数,而 Abseil 是一个开源的 C++ 库,它基于 Google 内部代码,提供了各种通用的 C++ 函数。Abseil 是 Google 代码的基石,既然它都使用 CityHash,就可以肯定 CityHash 非常出色。你可将 CityHash 用作哈希函数。

练习

哈希函数的结果必须是均匀分布的,这很重要。它们的映射范围必须尽可能大。最糟糕的哈希函数莫过于将所有输入都映射到哈希表的同一个位置。

假设你有 4 个处理字符串的哈希函数。

(1) 不管输入什么,都返回 1。

(2) 将字符串的长度用作索引。

(3) 将字符串的第一个字符用作索引,即将所有以 a 打头的字符串都映射到哈希表的同一个位置,以此类推。

(4) 将每个字符都映射到一个素数:a = 2,b = 3,c = 5,d = 7,e = 11,等等。对于给定的字符串,这个哈希函数将其中每个字符对应的素数相加,再计算结果除以哈希表长度的余数。例如,如果哈希表的长度为 10,字符串为 bag,则索引为(3 + 2 + 17) % 10 = 22 % 10 = 2。

在下面的每个示例中,上述哪个哈希函数可实现均匀分布?假设哈希表的长度为 10。

5.5 将姓名和电话号码分别作为键和值的电话簿,其中联系人姓名为 Esther、Ben、Bob 和 Dan。

5.6 电池尺寸到功率的映射,其中电池尺寸为 A、AA、AAA 和 AAAA。

5.5 小结

- ❑ 你几乎不用自己去实现哈希表，因为你使用的编程语言提供了哈希表实现。你可使用 Python 提供的哈希表，并假定能够获得平均情况下的性能：常量时间。
- ❑ 哈希表是一种功能强大的数据结构，其操作速度快，还能让你以不同的方式建立数据模型。你可能很快会发现自己经常在使用它。
- ❑ 你可以结合哈希函数和数组来创建哈希表。
- ❑ 冲突很糟糕，你应使用可以最大限度减少冲突的哈希函数。
- ❑ 哈希表的查找、插入和删除速度都非常快。
- ❑ 哈希表适合用于模拟映射关系。
- ❑ 一旦填装因子超过 0.7，就该调整哈希表的长度。
- ❑ 哈希表可用于缓存数据（例如，在 Web 服务器上）。
- ❑ 哈希表非常适合用于防止重复。

第 6 章
广度优先搜索 6

本章内容

❑ 学习使用新的数据结构图来建立网络模型。

❑ 学习广度优先搜索，你可对图使用这种算法回答诸如"到 X 的最短路径是什么"等问题。

❑ 学习有向图和无向图。

❑ 学习拓扑排序，这种排序算法指出了节点之间的依赖关系。

本章将介绍图。首先，我将说说什么是图（它不涉及 X 轴和 Y 轴），再介绍第一种图算法——**广度优先搜索**（breadth-first search，BFS）。

广度优先搜索让你能够找出两样东西之间的最短距离，不过最短距离的含义有很多! 使用广度优先搜索可以：

❑ 编写拼写检查器，计算最少编辑多少个地方就可将错拼的单词改成正确的单词，如将 READED 改为 READER 需要编辑一个地方；

❑ 根据你的人际关系网找到关系最近的医生；

❑ 开发搜索引擎爬虫工具。

在我所知道的算法中，图算法应该是最有用的。请务必仔细阅读接下来的几章，这些算法你将经常用到。

6.1   图简介

假设你居住在旧金山，要从双子峰前往金门大桥。你想乘公交车前往，并希望换乘最少。可行的乘车路线如下。

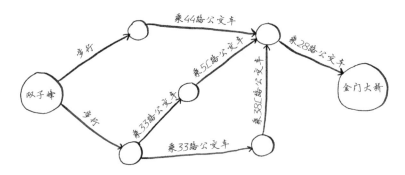

为找出换乘最少的乘车路线，你将使用什么样的算法？

1 步就能到达金门大桥吗？下面突出了所有 1 步就能到达的地方。

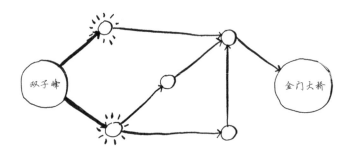

金门大桥未突出，因此1步无法到达那里。2步能吗?

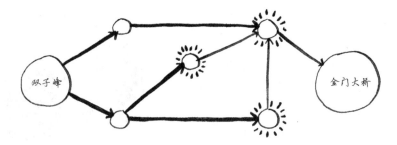

金门大桥也未突出，因此2步也到不了。3步呢?

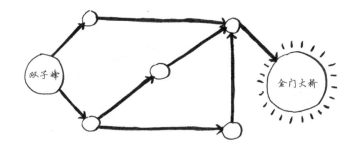

金门大桥突出了! 因此从双子峰出发，可沿下面的路线3步到达金门大桥。

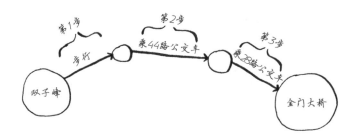

　　还有其他前往金门大桥的路线，但它们更远（需要 4 步）。这个算法发现，前往金门大桥的最短路径需要 3 步。这种问题被称为**最短路径问题**（shortest-path problem）。你经常要找出最短路径，可能是前往朋友家的最短路径，也可能是从你的计算机到目标网站服务器的最短路径（你在网上冲浪时，网络在幕后替你完成了这项任务，只是你不知道而已）。解决最短路径问题的算法被称为**广度优先搜索**。

　　要确定如何从双子峰前往金门大桥，需要两个步骤。

(1) 使用图来建立问题模型。

(2) 使用广度优先搜索解决问题。

下面先介绍什么是图，再详细探讨广度优先搜索。

6.2　图是什么

图模拟一组连接。例如，假设你与朋友玩牌，并要模拟谁欠谁钱，可像下面这样指出 Alex 欠 Rama 钱。

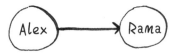

完整的欠钱图可能类似于下面这样。

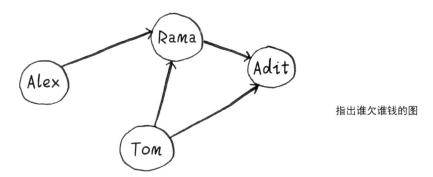

指出谁欠谁钱的图

Alex 欠 Rama 钱，Tom 欠 Adit 钱，等等。图由**节点**（node）和**边**（edge）组成。

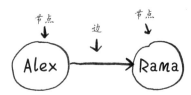

就这么简单！图由节点和边组成。一个节点可能与众多节点直接相连，这些节点被称为**内邻点或外邻点**。

由于 Alex 指向 Rama，因此 Alex 为 Rama 的内邻点，而 Rama 为 Alex 的外邻点。这些术语容易让人迷惑，下面通过图示来帮助理解。

在前面的欠钱图中，Adit 既不是 Alex 的内邻点，也不是 Alex 的外邻点，因为他们没有直接相连。但 Adit 是 Rama 和 Tom 的外邻点。

图用于模拟不同的东西是如何相连的。下面来看看广度优先搜索。

6.3 广度优先搜索

第 1 章介绍了一种查找算法——二分查找。广度优先搜索是一种基于图的查找算法，可帮助回答两类问题。

- ❑ 第 1 类问题：从节点 A 出发，有前往节点 B 的路径吗？
- ❑ 第 2 类问题：从节点 A 出发，前往节点 B 的哪条路径最短？

前面计算从双子峰前往金门大桥的最短路径时，你使用过广度优先搜索。这个问题属于第 2 类问题：哪条路径最短？下面来详细地研究这个算法，你将使用它来回答第 1 类问题：有路径吗？

假设你经营着一个芒果农场，需要寻找芒果销售商，以便将芒果卖给他。在 Facebook，你与芒果销售商有联系吗？为此，你可在朋友中查找。

这种查找很简单。首先，创建一个朋友名单。

然后，依次检查名单中的每个人，看看他是不是芒果销售商。

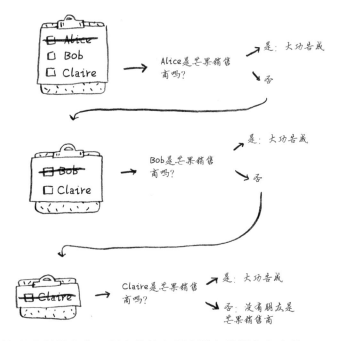

假设你没有朋友是芒果销售商，那么你就必须在朋友的朋友中查找。

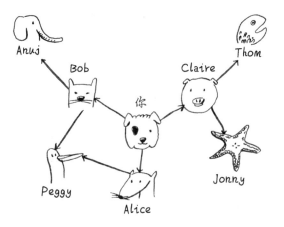

检查名单中的每个人时，你都将其朋友加入名单。

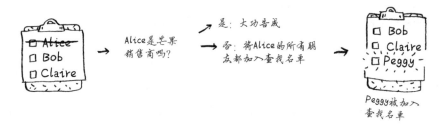

这样一来，你不仅在朋友中查找，还在朋友的朋友中查找。别忘了，你的目标是在你的人际关系网中找到一位芒果销售商。因此，如果 Alice 不是芒果销售商，就将其朋友也加入名单。这意味着你将在她的朋友、朋友的朋友等中查找。使用这种算法将搜遍你的整个人际关系网，直到找到芒果销售商。这就是广度优先搜索算法。

6.3.1 查找最短路径

再说一次，广度优先搜索可回答两类问题。

❑ 第 1 类问题：从节点 A 出发，有前往节点 B 的路径吗？（在你的人际关系网中，有芒果销售商吗？）

❑ 第 2 类问题：从节点 A 出发，前往节点 B 的哪条路径最短？（哪个芒果销售商与你的关系最近？）

刚才你看到了如何回答第 1 类问题，下面来尝试回答第 2 类问题——谁是关系最近的芒果销售商。例如，朋友是一度关系，朋友的朋友是二度关系。

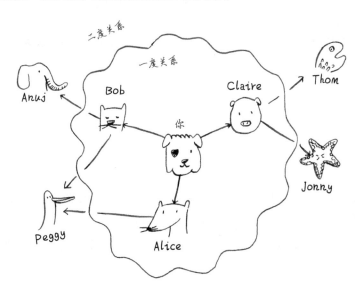

在你看来，一度关系胜过二度关系，二度关系胜过三度关系，以此类推。因此，你应先在一度关系中搜索，确定其中没有芒果销售商后，才在二度关系中搜索。广度优先搜索就是这样做的！在广度优先搜索的执行过程中，搜索范围从起点开始逐渐向外延伸，即先检查一度关系，再检查二度关系。顺便问一句：将先检查 Claire 还是 Anuj 呢？Claire 是一度关系，而 Anuj 是二度关系，因此将先检查 Claire，后检查 Anuj。

你也可以这样看，一度关系在二度关系之前加入查找名单。

你依次检查名单中的每个人，看看他是不是芒果销售商。这将先在一度关系中查找，再在二度关系中查找，因此找到的是关系最近的芒果销售商。广度优先搜索不仅查找从 A 到 B 的路径，而且找到的是最短的路径。

注意，只有按添加顺序查找时，才能实现这样的目的。换句话说，如果 Claire 先于 Anuj 加入名单，就需要先检查 Claire，再检查 Anuj。如果 Claire 和 Anuj 都是芒果销售商，而你先检查 Anuj 再检查 Claire，结果将如何呢？找到的芒果销售商并不是与你关系最近的，因为 Anuj 是你朋友的朋友，而 Claire 是你的朋友。因此，你需要按添加顺序进行检查。有一个可实现这种目的的数据结构，那就是**队列**（queue）。

6.3.2　队列

队列的工作原理与现实生活中的队列完全相同。假设你与朋友一起在公交车站排队，如果你排在他前面，你将先上车。队列的工作原理与此相同。队列类似于栈，你不能随机地访问队列中的元素。队列只支持两种操作：入队和出队。

如果你将两个元素加入队列，先加入的元素将在后加入的元素之前出队。因此，你可使用队列来表示查找名单！这样，先加入的将先出队并先被检查。

队列是一种**先进先出**（first in first out，FIFO）的数据结构，而栈是一种**后进先出**（last in first out，LIFO）的数据结构。

知道队列的工作原理后，我们来实现广度优先搜索！

练习

对于下面的每个图，使用广度优先搜索算法来找出答案。

6.1 找出从起点到终点的最短路径的长度。

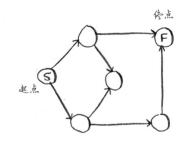

6.2 找出从 cab 到 bat 的最短路径的长度。

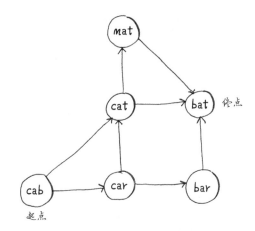

6.4 实现图

首先，需要使用代码来实现图。图中有多个节点。

每个节点都与其他节点相连，如何表示类似于"你→Bob"这样的关系呢？好在你知道的一种结构让你能够表示这种关系，它就是**哈希表**！

记住，哈希表让你能够将键映射到值。在这里，你要将节点映射到其所有外邻点。

表示这种映射关系的 Python 代码如下。

```
graph = {}
graph["you"] = ["alice", "bob", "claire"]
```

注意，"你"被映射到了一个数组，因此 graph["you"]是一个数组，其中包含了"你"的所有外邻点。别忘了，外邻点是"你"指向的节点。

图不过是一系列的节点和边，因此在 Python 中，只需使用上述代码就可表示一个图。那像下面这样更大的图呢？

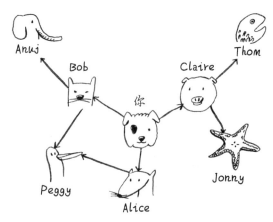

表示它的 Python 代码如下。

```
graph = {}
graph["you"] = ["alice", "bob", "claire"]
graph["bob"] = ["anuj", "peggy"]
graph["alice"] = ["peggy"]
graph["claire"] = ["thom", "jonny"]
graph["anuj"] = []
graph["peggy"] = []
graph["thom"] = []
graph["jonny"] = []
```

顺便问一句：键–值对的添加顺序重要吗？换言之，如果你这样编写代码：

```
graph["claire"] = ["thom", "jonny"]
graph["anuj"] = []
```

而不是这样编写代码：

```
graph["anuj"] = []
graph["claire"] = ["thom", "jonny"]
```

对结果有影响吗？

只要回顾一下前一章介绍的内容，你就知道没影响。哈希表是无序的，因此添加键–值对的顺序无关紧要。

Anuj、Peggy、Thom 和 Jonny 都没有外邻点，这是因为虽然有指向他们的箭头，但没有从他们出发指向其他人的箭头。这被称为**有向图**（directed graph），其中的关系是单向的。**无向图**（undirected graph）没有箭头。下面两个图是等价的。

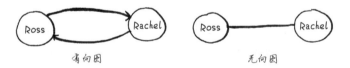

在无向图中，没有内邻点和外邻点的概念，而可使用更简单的术语——邻居。

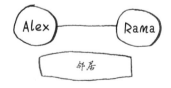

6.5 实现算法

先概述一下这种算法的工作原理。

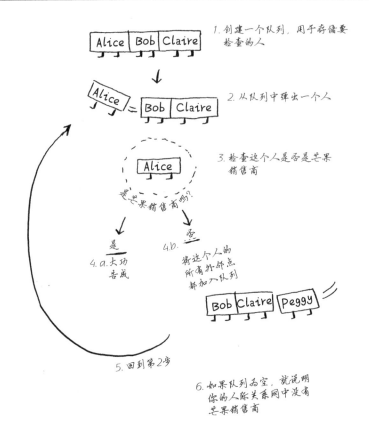

1. 创建一个队列，用于存储要
   检查的人

2. 从队列中弹出一个人

3. 检查这个人是否是芒果
   销售商

是芒果销售商吗？

是

4.a. 大功
    告成

否

4.b. 将这个人的
    所有外邻点
    都加入队列

5. 回到第2步

6. 如果队列为空，就说明
   你的人际关系网中没有
   芒果销售商

说　明

　　更新队列时，我使用术语"入队"和"出队"，但你也可能遇到不同的术语。在 Python 中，与术语"入队"和"出队"对应的术语分别是"队尾附加"（append）和"队首弹出"（popleft）。

首先，创建一个队列。在 Python 中，可使用函数 deque 来创建一个双端队列。

```
from collections import deque
search_queue = deque()          ◄·············· 创建一个队列
search_queue += graph["you"]    ◄·············· 将你的外邻点都加入这个搜索队列
```

别忘了，graph["you"]是一个数组，其中包含你的所有外邻点，如
["alice", "bob", "claire"]。这些外邻点都将加入搜索队列。

下面来看看其他的代码。

```
while search_queue:          ◄········· 只要队列不为空，
    person = search_queue.popleft()  ◄········· 就取出其中的第一个人
    if person_is_seller(person):    ◄········· 检查这个人是不是芒果销售商
        print(person + " is a mango seller!")  ◄········· 是芒果销售商
        return True
    else:
        search_queue += graph[person]  ◄········· 不是芒果销售商。将这个
return False  ◄········· 如果到达了这里，就说明        人的朋友都加入搜索队列
          队列中没人是芒果销售商
```

最后，你还需编写函数 person_is_seller，判断一个人是不是芒果销售商，如下所示。

```
def person_is_seller(name):
    return name[-1] == 'm'
```

这个函数检查人的姓名是否以 m 结尾：如果是，他就是芒果销售商。这种判断方法有点搞笑，但就这个示例而言是可行的。下面来看看广度优先搜索的执行过程。

这个算法将不断执行，直到找到一位芒果销售商，或队列变成空的——这意味着你的人际关系网中没有芒果销售商。

Peggy 既是 Alice 的朋友又是 Bob 的朋友，因此她将被加入队列两次：一次是在添加 Alice 的朋友时，另一次是在添加 Bob 的朋友时。因此，搜索队列将包含两个 Peggy。

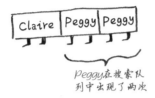

但你只需检查 Peggy 一次，看她是不是芒果销售商。如果你检查两次，就做了无用功。因此，检查完一个人后，应将其标记为检查过，且不再检查他。

如果不这样做，就可能会导致无限循环。假设你的人际关系网类似于下面这样。

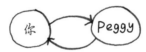

一开始，搜索队列包含你的所有外邻点。

现在你检查 Peggy。她不是芒果销售商，因此你将其所有外邻点都加入搜索队列。

接下来，你检查自己。你不是芒果销售商，因此你将你的所有外邻点都加入搜索队列。

以此类推。这将形成无限循环，因为搜索队列将在包含你和包含 Peggy 之间反复切换。

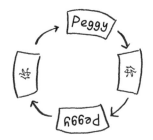

检查一个人之前，要确认之前没检查过他，这很重要。为此，你可使用一个集合来记录检查过的人。

考虑到这一点后，广度优先搜索的最终代码如下。

```python
def search(name):
    search_queue = deque()
    search_queue += graph[name]
    searched = set()            ◀————————————— 这个集合用于记录检查过的人
    while search_queue:
        person = search_queue.popleft()
        if person not in searched:   ◀————— 仅当这个人没检查过时才检查
            if person_is_seller(person):
                print(person + " is a mango seller!")
                return True
            else:
                search_queue += graph[person]
                searched.add(person)   ◀———————— 将这个人标记为检查过
    return False

search("you")
```

请尝试运行这些代码，看看其输出是否符合预期。你也许应该将函数 person_is_seller 改为更有意义的名称。

运行时间

如果你在你的整个人际关系网中搜索芒果销售商，就意味着你将沿每条边前行（记住，边是从一个人到另一个人的箭头或连接），因此运行时间至少为 $O(边数)$。

你还使用了一个队列，其中包含要检查的每个人。将一个人添加到队列需要的时间是固定的，即为 $O(1)$，因此对每个人都这样做需要的总时间为 $O(人数)$。所以，广度优先搜索的运行时间为 $O(人数 + 边数)$，这通常写作 $O(V + E)$，其中 V 为**顶点**（vertice）数，E 为边数。

练习

下面的小图说明了我早晨起床后要做的事情。

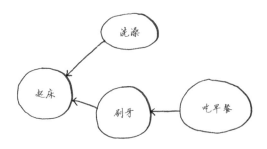

该图指出，我不能没刷牙就吃早餐，因此"吃早餐"依赖于"刷牙"。

另外，洗澡不依赖于刷牙，因为我可以先洗澡再刷牙。根据这个图，可创建一个列表，指出我需要按什么顺序完成早晨起床后要做的事情：

(1) 起床

(2) 洗澡

(3) 刷牙

(4) 吃早餐

请注意，"洗澡"可随便移动，因此下面的列表也可行：

(1) 起床

(2) 刷牙

(3) 洗澡

(4) 吃早餐

6.3 请问下面的3个列表哪些可行、哪些不可行？

A.

1. 起床
2. 洗澡
3. 吃早餐
4. 刷牙

B.

1. 起床
2. 刷牙
3. 吃早餐
4. 洗澡

C.

1. 洗澡
2. 起床
3. 刷牙
4. 吃早餐

6.4 下面是一个更大的图，请根据它创建一个可行的列表。

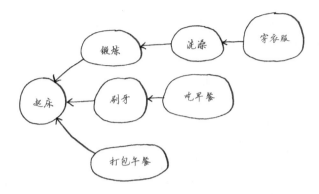

从某种程度上说，这种列表是有序的。如果任务 A 依赖于任务 B，在列表中任务 A 就必须在任务 B 后面。这被称为**拓扑排序**，使用它可根据图创建一个有序列表。假设你正在规划一场婚礼，并有一个很大的图，其中充斥着需要做的事情，但不知道要从哪里开始。这时就可使用拓扑排序来创建一个有序的任务列表。

假设你有一个家谱。

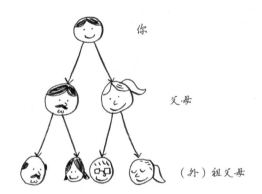

这是一个图，因为它由节点（人）和边组成。其中的边从一个节点指向其父母，但所有的边都往下指。在家谱中，往上指的边不合情理！因为你父亲不可能是你祖父的父亲！

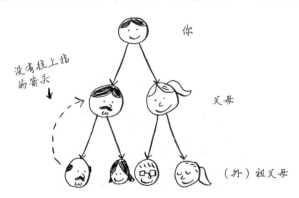

这种图被称为**树**。树是一种特殊的图，其中没有往后指的边。

6.5　请问下面哪个图也是树？

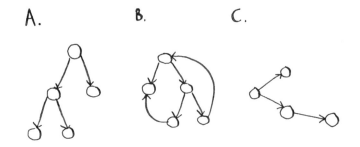

6.6　小结

- ❑ 广度优先搜索指出是否有从 A 到 B 的路径。
- ❑ 如果有，广度优先搜索将找出最短路径。
- ❑ 面临类似于寻找最短路径的问题时，可尝试使用图来建立模型，再使用广度优先搜索来解决问题。
- ❑ 有向图中的边为箭头，箭头的方向指定了关系的方向，例如，Rama→Adit 表示 Rama 欠 Adit 钱。
- ❑ 无向图中的边不带箭头，其中的关系是双向的，例如，Ross — Rachel 表示"Ross 与 Rachel 约会，而 Rachel 也与 Ross 约会"。
- ❑ 队列是先进先出（FIFO）的。
- ❑ 栈是后进先出（LIFO）的。
- ❑ 你需要按加入顺序检查搜索列表中的人，否则找到的就不是最短路径，因此搜索列表必须是队列。
- ❑ 对于检查过的人，务必不要再去检查，否则可能导致无限循环。

第 7 章

树

本章内容

❏ 学习什么是树以及树和图的不同之处。

❏ 熟悉如何对树运行算法。

❏ 学习深度优先搜索及其与广度优先搜索的不同之处。

❏ 学习霍夫曼编码——一种使用树的压缩算法。

压缩算法和数据库存储之间有何共同之处呢？都使用树来完成艰难的任务。树是图的子集，但为何要专门介绍树呢？因为有很多特殊的树，如二叉树，本章将介绍的压缩算法——霍夫曼编码就使用二叉树。

大多数数据库使用下一章将介绍的平衡树，如 B 树。树的类型众多，本章和下一章的介绍可帮助理解树的相关术语和概念。

7.1 树简介

简单地说，树是一种图，后面将给出更详细的定义。先来介绍一些术语，并提供一个示例。

与图一样，树也是由节点和边组成的。

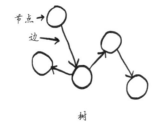

树

本书讨论**根树**（rooted tree）。根树包含一个这样的节点，即从它出发可到达其他所有的节点。

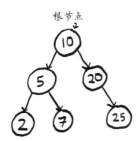

本章只讨论根树，因此本章说到树时，都是指根树。节点可能有子节点，而子节点都有父节点。

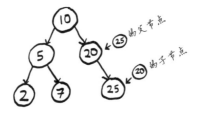

在树中，每个节点都最多有一个父节点，且只有根节点没有父节点。没有子节点的节点被称为叶节点。

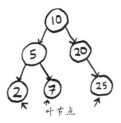

如果你搞明白了根节点、叶节点、父节点和子节点，就可接着往下读。

文件目录

树是一种图，因此可对其运行图算法。第 6 章介绍了广度优先算法——一种在图中找出最短路径的算法，下面将这种算法用于树。如果你不熟悉广度优先算法，请复习第 6 章。

我们每天都与文件目录打交道，它们也是树。假设有如下文件目录。

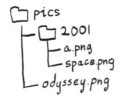

我想打印目录 pics 中所有文件（包括所有子目录中的文件，这里只有一个子目录——2001）的名称。为此，可使用广度优先搜索。在此之前，我们先来调整该目录的表示方式，使其看起来像棵树。

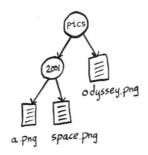

由于这个文件目录是棵树，因此可对其运行图算法。在本书前面，我们将广度优先搜索作为搜索算法使用，但它并非只擅长搜索。实际上，广度优先搜索是一种遍历算法，这意味着它访问（遍历）树中的每个节点。这正是我们需要的：通过一种算法访问目录中的每个文件，并将其名称打印出来。下面使用广度优先搜索列出目录中所有的文件。这个算法还将进入子目录，在其中搜索文件，并将文件名打印出来。这里的逻辑如下。

(1) 访问树中的每个节点。

(2) 如果当前节点是文件，就打印其名称。

(3) 如果当前节点是文件夹，就将其加入要在其中搜索文件的文件夹队列。

代码如下（这些代码很像第 6 章查找芒果销售商的代码）。

```
from os import listdir
from os.path import isfile, join
from collections import deque
```

```
def printnames(start_dir):
    search_queue = deque()              ◄————— 使用队列记录要在其中搜索文件的文件夹
    search_queue.append(start_dir)
    while search_queue:                 ◄————— 只要这个队列不为空，就弹出一个文件夹
        dir = search_queue.popleft()              并在其中进行搜索
        for file in sorted(listdir(dir)):  ◄————— 遍历该文件夹中的每个文件和文件夹
            fullpath = join(dir, file)
            if isfile(fullpath):
                print(file)             ◄————— 如果是文件，就打印其名称
            else:
                search_queue.append(fullpath)  ◄————— 如果是文件夹，就将其加入
                                                      要搜索的文件夹队列

printnames("pics")
```

这里像第 6 章的芒果销售商示例中那样使用了一个队列，用于记录要在其中进行搜索的文件夹。当然，在那个示例中，只要找到一个芒果销售商，就停止搜索，但这里将搜索整棵树。

相比于芒果销售商搜索代码，这里的代码还有另一个重要的不同之处。你能找出来吗？

在芒果销售商示例中，我们将检查过的人记录下来。

```
...
        if person not in searched:      ◄————— 仅当这个人未检查过时，才进一步搜索
            if person_is_seller(person):
...
```

但这里不需要这样做！树没有环路，且其中的每个节点都只有一个父节点，因此不可能出现搜索同一个文件夹多次，进而导致无限循环的情况。无须将搜索过的文件夹记录下来，因为根本不可能出现重复搜索同一个文件夹的情况。

树的这种性质让代码更简单。这是通过阅读本章学到的一个要点：树没有环路。

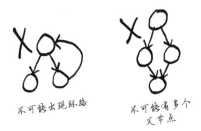

不可能出现环路　　　　不可能有多个
　　　　　　　　　　　　父节点

有关符号链接的说明

　　你可能知道符号链接是什么，如果不知道，这里告诉你：符号链接是一种在文件目录中引入环路的方式。在 macOS 或 Linux 系统中，可使用下面的命令创建符号链接。

```
ln -s pics/ pics/2001/pics
```

在 Windows 系统中，可使用如下命令。

```
mklink /d pics/ pics/2001/pics
```

如果创建了上述符号链接，前述文件目录将类似于下面这样。

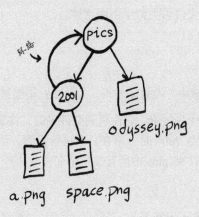

这导致该文件目录不再是树！出于简化考虑，这个示例不考虑符号链接。即便目录中包含符号链接，Python 也足够聪明，能够避免无限循环。目录中包含符号链接时，将引发如下错误。

```
OSError: [Errno 62] Too many levels of symbolic links: 'pics/2001/pics'
```

7.2 太空漫游：深度优先搜索

下面再次遍历前述文件目录，但采用递归的方式。

```
from os import listdir
from os.path import isfile, join

def printnames(dir):
    for file in sorted(listdir(dir)):      ◀──── 遍历当前文件夹中的每个文件和文件夹
        fullpath = join(dir, file)
        if isfile(fullpath):
            print(file)      ◀──── 如果是文件，就打印其名称
        else:
            printnames(fullpath)      ◀──── 如果是文件夹，就对其递归调用该函数，
                                              以遍历其中的文件和文件夹
printnames("pics")
```

请注意，这里没有使用队列，而在遇到文件夹时立即在其中搜索文件和文件夹。至此，我们介绍了两种列出文件名的方式，但这两种解决方案以不同的顺序打印文件名。

一种解决方案打印的文件名类似于下面这样。

```
a.png
space.png
odyssey.png
```

而另一种解决方案打印的文件名类似于下面这样。

```
odyssey.png
a.png
space.png
```

你能确定哪种顺序是哪种解决方案打印的吗？为什么？请尝试回答这些问题，再接着往下读。

第 1 种解决方案使用广度优先搜索，它在遇到文件夹时，将其添加到队列中，供以后进行搜索。因此，这种算法遇到文件夹 2001 时，不在其中进行搜索，而是将其添加到队列中，供以后再进行搜索，然后，它打印文件夹 pics 中所有文件的名称，再回到文件夹 2001，并打印其中所有文件的名称。

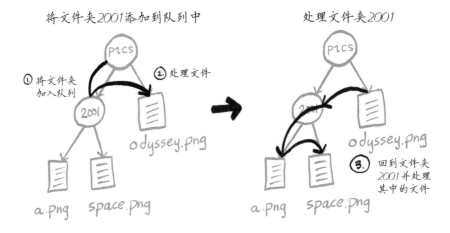

由此可知，广度优先搜索算法首先访问文件夹 2001，但不在其中搜索，而只是将其添加到队列中，并接着处理文件 odyssey.png。

第 2 种解决方案使用的算法被称为深度优先搜索，这也是一种图和树遍历算法。遇到文件夹时，深度优先搜索算法立即在其中搜索，而不是将文件夹添加到队列中。

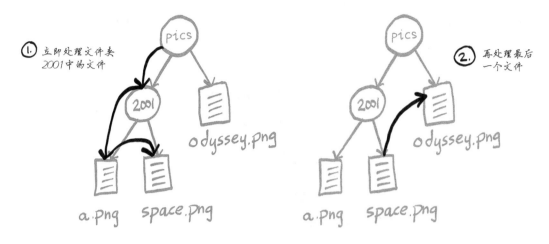

第 2 种解决方案打印的内容如下。

```
a.png
space.png
odyssey.png
```

广度优先搜索和深度优先搜索联系紧密，通常提到其中一个时，都会同时提到另一个。这两种算法都打印所有文件的名称，因此就这个示例而言，这两种算法都管用。但它们之间存在一个很大的不同，那就是深度优先搜索不能用于查找最短路径。

在芒果销售商示例中，不能使用深度优先搜索。这是因为在这个示例中，必须先检查所有的一度朋友，再检查二度朋友，以此类推。广度优先搜索正是这样做的。深度优先搜索立即进行尽可能深的搜索，因此可能在存在关系更近的芒果销售商的情况下，找到的却是关系为三度的芒果销售商。假设你的人际关系网如下。

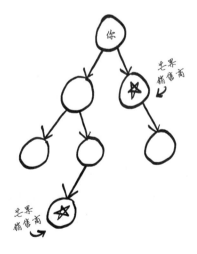

假设按从左到右的顺序处理节点，深度优先搜索将从最左边的节点开始往下搜索。

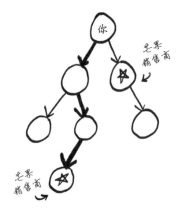

由于深度优先搜索从左边的节点开始往下搜索，因此无法认识到这样一点：右边那个节点就是芒果销售商，且与你的关系要近得多。

广度优先搜索将正确地找到关系最近的芒果销售商。

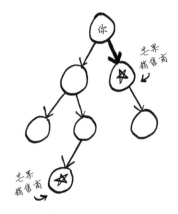

总之，这两种算法都适合用于列出文件，但只有广度优先搜索适合用于查找最短路径。深度优先搜索有其他用途，例如，用于实现第 6 章简要介绍过的拓扑排序。

更准确的树定义

介绍一个使用树的示例后，该给树下更准确的定义了：树是连在一起的无环图。

本章前面说过，我们只讨论根树，因此这里的树都有根节点。另外，我们只讨论连在一起的图。对于树，需要牢记的最重要的一点是，树中没有环路。

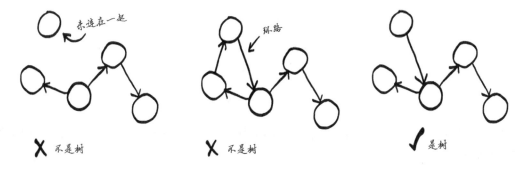

介绍并实际使用树后，下面来看一种独特的树。

7.3 二叉树

计算机科学涉及各种树，其中一种非常常见的是二叉树。在本章余下的篇幅和下一章的大部分篇幅中，谈论的都是二叉树。

二叉树是一种特殊的树，其中每个节点都最多有两个子节点（二叉树因此而得名）。传统上，这两个子节点被分别称为左子节点和右子节点。

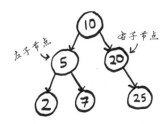

世袭树就属于二叉树，因为每个人都有生父和生母。

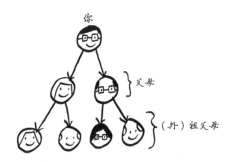

在世袭树中，节点之间的关系非常清晰——所有节点都是家庭成员，但其中的数据可能是随意的。

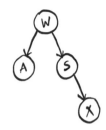

在二叉树中，最重要的一点是，任何节点的子节点数都不可能超过 2，这些子节点有时被称为左子树和右子树。

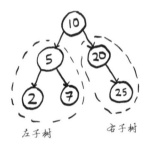

左子树　　　　　右子树

在计算机科学中，二叉树无处不在。在本章余下的篇幅中，将介绍一个二叉树使用示例。

7.4　霍夫曼编码

霍夫曼编码是一种使用二叉树的简单算法，还是文本压缩算法的基石。这里不详细描述这种算法，而重点介绍其工作原理以及它如何巧妙地使用树。

先来介绍一点背景知识。要知道压缩的工作原理，需要知道文本文件占据多少存储空间。假设有一个文本文件，其中只有一个单词——tilt，该文件将占据多少存储空间呢？要获悉这一点，可使用命令 stat（基于 Unix 的系统都提供了这个命令）。首先，将这个单词保存到文件 test.txt 中，再执行命令 stat。

```
$ cat test.txt
tilt

$ stat --format=%s test.txt
4
```

从上述输出可知，这个文件占据了 4 字节的存储空间：每个字符 1 字节。

这合乎逻辑。假设使用的是 ISO-8859-1 编码（有关这种编码的详情，请参阅接下来的说明），每个字母将占据 1 字节。例如，字母 a 的 ISO-8859-1 编码为 97，其二进制表示为 01100001——总共 8 比特。比特是取值为 0 或 1 的位，01100001 包含 8 比特，而 8 比特对应于 1 字节。因此，对于字母 a，可使用 1 字节的存储空间表示。ISO-8859-1 编码的取值范围为 00000000 ~ 11111111，其中 00000000 表示**空**（null）字符，而 11111111 表示 ÿ（带分音符号的拉丁字母 y）。每个比特的可能取值为 0 或 1，8 比特有 256 种可能的组合，因此 ISO-8859-1 编码可表示 256 个不同的字母。

字符编码

正如你将看到的，有很多不同的字符编码方式。换而言之，对于字母 a，有很多不同的方式将其转换为二进制数据。

最先推出的编码方式是 ASCII，它面世于 20 世纪 60 年代，是一种使用 7 比特的编码方式。可惜 ASCII 支持的字符不多，它不支持任何带变音符号的字符（如 ü 和 ö），也不支持常见的货币符号（如英镑符号和日元符号）。

有鉴于此，人们推出了 ISO-8859-1。ISO-8859-1 是一种使用 8 比特的编码方式，因此支持的字符数是 ASCII 的两倍——从 128 个增加到了 256 个。但这还不够，因此很多国家推出了自己的编码方式。例如，鉴于 ISO-8859-1 和 ASCII 支持的主要是欧洲语言，日本推出了多种日语编码方式。整个形势一片混乱，直到 Unicode 横空出世。

Unicode 是一种编码标准，旨在支持来自各种语言的字符。Unicode 15 版支持的字符多达 149 186 个——相比于 256 个翻了很多番，其中的表情符号就超过 1000 个。

Unicode 是标准，因此你需要使用遵循该标准的编码方式。当前最常用的编码方式是 UTF-8，这是一种可变长度的字符编码，这意味着字符编码结果的长度为 1~4 字节（8~32 比特）。

你无须过多关注 UTF-8。为简单起见，我将以 ISO-8859-1 为例，这是一种长 8 比特的编码，处理起来非常简单。

你只需牢记如下两点：

- 压缩算法旨在减少存储每个字符所需的比特数；
- 如果需要在项目中选择编码方式，UTF-8 就是不错的选择。

下面来尝试解码二进制数据 011100100110000101100100——假设使用的是 ISO-8859-1 编码。为简化这项任务，可在网上搜索 ISO-8859-1 表或将二进制数据转换为 ISO-8859-1 字符的转换器。

首先，我们知道，每个字符都占据 8 比特，因此将上述二进制数据分割成小块儿，每块 8 比特。

```
01110010 01100001 01100100
```

从上述分割结果可知，总共有 3 个字符。通过查看 ISO-8859-1 表，可知解码结果为 rad：01110010 对应于 r，等等。文本编辑器就是这样将文本文件中的二进制数据转换为 ISO-8859-1 字符并显示它们的。要查看文本文件中的二进制信息，可使用 xxd（所有基于 Unix 的系统都提供了这个实用程序）。下面是 tilt 的二进制表示。

```
$ xxd -b test.txt
00000000: 01110100 01101001 01101100 01110100
tilt
```

这为压缩算法提供了用武之地。为表示单词 tilt，不需要 256 个字母，而只需要 3 个。因此，无须使用 8 比特来表示每个字母，而只需使用 2 比特。为表示这 3 个字母，可设计一种 2 比特的编码。

```
t = 00
i = 01
l = 10
```

使用这种编码方式，可将 tilt 表示为 00011000。为方便阅读，可加上空格，结果为 00 01 10 00。根据前面的映射关系可知，该二进制表示对应于 tilt。

这就是霍夫曼编码的工作原理：根据当前使用的字符，尝试使用短于 8 比特的编码，进而达到压缩数据的效果。霍夫曼编码生成一棵树。

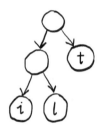

你可根据这棵树来确定每个字母的编码：从根节点出发，向下查找目标字母；每当进入左分支时，都在编码中添加 0，每当进入右分支时，都在编码中添加 1，直到找到目标字母为止。因此，字母 l 的编码为 01。下面是这棵树定义的 3 个编码。

```
i = 00
l = 01
t = 1
```

注意到字母 t 的编码长度只有 1 位。不同于 ISO-8859-1，在霍夫曼编码中，不要求所有编码的长度都一样。这很重要，下面通过一个示例来说明其中的原因。

假设要压缩短语 paranoid android，霍夫曼编码算法将生成下面的树。

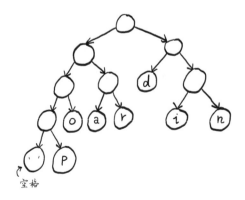

请问字母 p 的编码是多少？请尝试回答这个问题，再接着往下读。是 0001。字母 d 的编码又是多少呢？是 10。

在这个示例中，编码的可能长度实际上有 3 种。假设要对二进制数据 01101010 进行解码，你马上就会发现存在的问题：没法像使用 ISO-8859-1 编码时那样进行分块。所有 ISO-8859-1 编码的长度都是 8 位，但在这里，编码的长度可能是 2、3 或 4 位。由于编码的长度不固定，因此无法分块。

相反，必须逐位地检查，就像读取磁带那样。

具体过程如下：第 1 个数字为 0，因此进入左分支（这里只展示了前述树的一部分）。

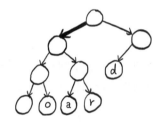

下一个数字为 1，因此进入右分支。

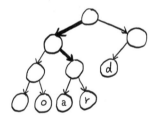

接下来的数字还是 1，因此再次进入右分支。

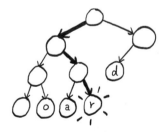

至此，终于找到了一个字母。此时，余下的二进制数据为 01010。可再次从根节点开始，找出其他的字母。请尝试解码余下的二进制数据，再接着往下读。你成功地完成了解码，并得到了结果 rad 吗？这就是霍夫曼编码和 ISO-8859-1 之间的一个巨大差别：编码长度不是固定的，需要采取不同的解码方式。

相比于通过分块进行解码，这种解码方式需要做的工作更多。但霍夫曼编码也有一个很大的优点，那就是字母出现的次数越多，其编码越短。字母 d 出现了 3 次，其编码只有 2 位，字母 i 出现了 2 次，其编码长度为 3 位，而字母 p 只出现了 1 次，其编码长度为 4 位。通过给出现频率高的字母指定较短的编码（而不是给每个字母都指定 4 位的编码），可提高压缩率。在文本较长的情况下，这种编码方式可节省大量空间。

知道霍夫曼编码的大致工作原理后，下面来看看它使用的树有何特点。

首先，可能出现这样的情况吗，即一个编码是另一个编码的一部分？请看下面的编码。

```
a = 0
b = 1
c = 00
```

在这种情况下，对于二进制数据 001，它表示的是 aab 还是 cb 呢？a 的编码是 c 的编码的一部分，因此无法做出判断。定义上述编码的树类似于下面这样。

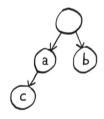

a 位于前往 c 的路径上，这是导致前述问题的原因。

霍夫曼编码不存在这样的问题，因为字母都在叶节点上。从根节点出发，前往每个叶节点的路径都是独一无二的——这是树的特征之一，因此不会出现一个编码是另一个编码的一部分的情况。

另外，每个字母都只有一个编码。如果前往字母的路径有多条，就意味着给字母指定了多个编码，这没有必要。

我们以每次一位的方式读取编码，并假定最终将找到相应的字母。如果霍夫曼编码使用的是包含环路的图，我们就不能做出上面的假设，因为遇到环路后将陷入死循环。

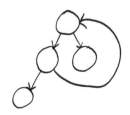

然而，霍夫曼编码使用的是树，其中没有环路，因此我们确定通过逐位读取，最终一定能够找到相应的字母。

霍夫曼编码使用的是根树。根树是有根节点的树，这一点很重要，因为我们需要知道从哪里开始。并非所有的图都有根节点。

最后，霍夫曼编码使用的是二叉树。在二叉树中，每个节点最多有两个子节点——左子节点和右子节点。这合乎逻辑，因为二进制位只有两种可能的取值（1 和 0），如果有第 3 个子节点，将无法确定该子节点表示的是哪个值。

本章简要地介绍了树，下一章将介绍多种树及其用途。

7.5　小结

- 树是一种无环图。
- 深度优先搜索是另一种图遍历算法，不能用来查找最短路径。
- 二叉树是一种特殊的树，其中每个节点的子节点数都不超过两个。
- 字符编码方式类型众多，其中 Unicode 为国际标准，而 UTF-8 是最常用的 Unicode 编码。

第 8 章

平衡树

本章内容

❑ 学习一种名为**二叉查找树**（binary search tree，BST）的数据结构。

❑ 学习平衡树，以及其性能通常高于数组和链表的原因。

❑ 学习 AVL 树——一种平衡的 BST。在最糟情况下，二叉树可能很慢，而平衡树可有效地改善二叉树的性能。

前一章介绍了一种数据结构——树。当你熟悉树后，该来说说树的用途了。在数组和链表无法提供所需性能的情况下，一种不错的选择是试试树。本章首先讨论树的性能，再探索一种能够提供出色性能的特殊树——平衡树。

8.1 平衡措施

还记得第 1 章介绍的二分查找算法吗？使用二分查找算法时，找到信息的速度比简单查找快得多，因为其速度为 $O(\log n)$，而不像简单查找那样为 $O(n)$。但它存在一个问题，那就是插入速度很慢。使用二分查找算法时，查找所需的时间为 $O(\log n)$，但数组必须是有序的。要将新数字插入有序数组，需要的时间为 $O(n)$。为何会这样呢？这是因为要为新值腾出位置，需要移动很多的值。

要是能够像在链表中插入元素那样，只需修改两个指针就好了。

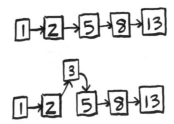

但链表中查找元素的时间是线性的。如何能够鱼和熊掌兼得呢？

使用树提高插入操作的速度

我们真正想要的是，查找速度像有序数组那样快，同时插入速度比有序数组更快。我们知道，链表的插入速度更快。因此，我们想要一种数据结构，它兼具有序数组和链表的优点。

	查找	插入
有序数组	$O(\log n)$	$O(n)$
链表	$O(n)$	$O(1)$
？？？	$O(\log n)$	速度快于 $O(n)$

这种数据结构就是树！树有数十种，这里指的是平衡的二叉查找树（BST）。本章将首先介绍 BST 的工作原理，再介绍如何使其平衡。

BST 是一种二叉树，下面就是一棵 BST。

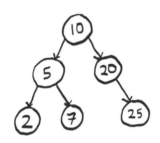

与普通二叉树一样，每个节点都最多有两个子节点——左子节点和右子节点，但 BST 还有一个特点，那就是左子节点的值总是比父节点的值小，而右子节点的值总是比父节点的值大。因此，对于节点 10，其左子节点的值更小（5），其右子节点的值更大（20）。

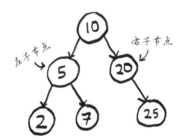

不仅如此，左子树中所有的数字都比父节点中的数字小。

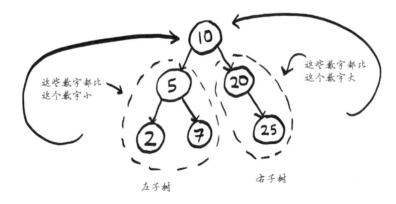

这种特征意味着查找速度非常快。

我们来看看数字 7 是否在这棵树中。为此，从根节点开始检查。

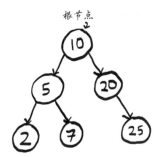

7比10小，因此检查左子树。前面说过，值比当前节点的值小的节点都在左子树中，而值比当前节点的值大的节点都在右子树中。据此我们确定无须检查右子树中的节点，因为7不在右子树中。我们检查左子节点，发现其值为5。

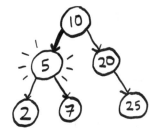

7比5大，因此我们检查右子节点。

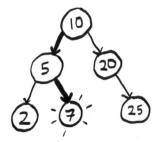

我们找到了它。来查找另一个数字——8，这次的查找路径与前面完全相同。

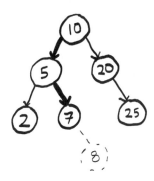

只是最终并没有找到。如果 8 在这棵树中，它必然位于这里使用虚线表示的节点中。这里为何要讨论树呢？完全是为了看看其速度是否比数组和链表快。因此，下面来说说树的性能，为此需要考虑树的高度。

8.2　树越矮，速度越快

请看下面的两棵树，虽然它们都包含 7 个节点，但性能却有天壤之别。

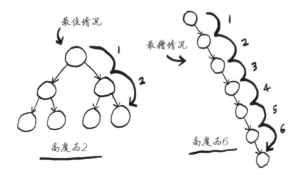

在最佳情况下，树的高度为 2，这意味着从根节点出发，前往任何节点都最多只需 2 步。在最糟情况下，树的高度为 6，这意味着从根节点出发前往各个节点，最多可能需要 6 步。下面来将树的性能同二分查找和简单查找的性能进行比较。先来看看二分查找和简单查找的性能。

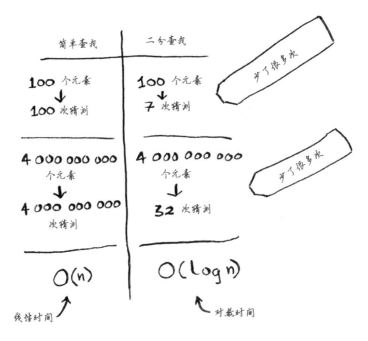

还记得本书前面介绍的猜数游戏吗？要猜出 100 个数字中的一个，使用二分查找时最多需要猜 7 次，而使用简单查找时最多需要猜 100 次。在树中查找时，情况与此类似。

在最糟情况下，树更高，因此性能更差。在这种情况下，树中每个节点都只有一个子节点，因此树高为 $O(n)$，查找时间 $O(n)$。可以这么认为：这棵树实际上就是一个链表，因为每个节点都指向下一个节点，而链表的查找时间为 $O(n)$。

在最佳情况下，树的高度为 $O(\log n)$，因此在树中查找所需的时间为 $O(\log n)$。

这两种情况与二分查找和简单查找的情况很像。如果能保证树的高度为 $O(\log n)$，在树中查找所需的时间将为 $O(\log n)$——这正是我们想要的。

但如何保证树的高度为 $O(\log n)$ 呢？在下面的树创建示例中，最终得到的是一棵最糟糕的树（这是需要避免的）。先从一个节点开始。

添加一个节点。

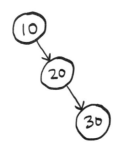

到目前为止，一切进展顺利。我们再来添加几个节点。

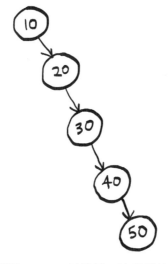

每个节点都被加入右子树中，因为它比之前的所有节点都大。

这就是一棵最糟糕的树，高度为 $O(n)$。树越矮，速度越快；在最矮的情况下，BST 的速度可达 $O(\log n)$。要让 BST 更矮，需要让其平衡，下面就来介绍如何让 BST 平衡。

8.3 AVL 树——一种平衡树

AVL 树是一种自平衡 BST，这意味着 AVL 树的高度将始终保持为 $O(\log n)$。每当 AVL 树失去平衡（即高度不再是 $O(\log n)$）时，它都将自动纠正。就拿刚才的例子来说吧，这棵树可能自动平衡成下面这样。

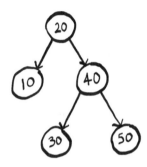

AVL 树通过旋转来实现自动平衡，从而确保高度为我们想要的 $O(\log n)$。

8.3.1 旋转

假设有一棵树，它包含 3 个节点，其中任何一个节点都可作为根节点。

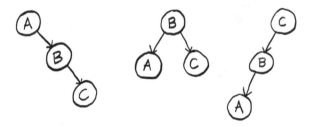

旋转指的是通过移动一组节点，形成新的排列方式。我们通过慢动作来说明旋转是如何进行的。

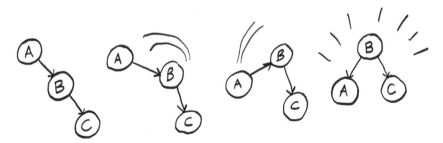

我们向左旋转。在这里，原来的树是不平衡的，其根节点为 A。通过向左旋转，最终得到了一棵平衡树，其根节点为 B。

旋转是一种让树平衡的常用方式，AVL 树就使用旋转来达到平衡。我们来看一个例子，这里也从一个节点开始。

我们添加一个节点。

到目前为止，一切正常。两棵子树的高度不一致——相差 1，但对 AVL 树来说，子树高度相差 1 不是问题。现在再添加一个节点。

糟糕，现在树失衡了，需要进行旋转。

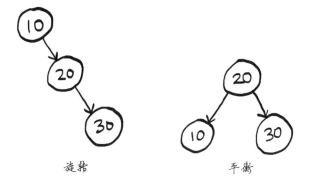

我们通过左旋转，让树又重新平衡了。

我们再添加一个节点。

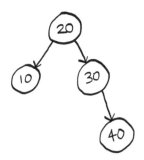

子树的高度差为1，这不是问题

再添加一个节点。

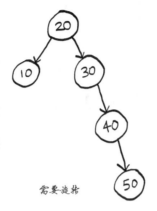

需要旋转

此时需要再次旋转。

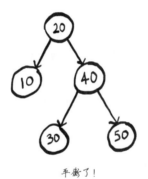

平衡了！

AVL 树使用旋转来自动达到平衡。在刚才的示例中，注意到旋转的是节点 30，而不是节点 20，稍后的示例说明了这样做的原因。

8.3.2 AVL 树如何把握旋转时机

我们可以通过观察发现树失衡了—— 一棵子树比另一棵子树高，但树如何确定这一点呢？

为确定何时该平衡自己，树需要存储一些额外的信息。每个节点都存储下面两项信息之一：树高和**平衡因子**（balance factor）。平衡因子为 -1、0 或 1 时，无须重新平衡。

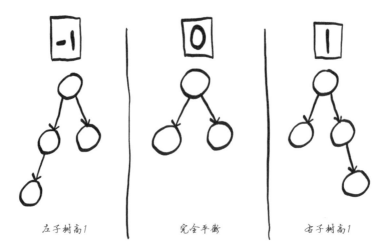

请注意，在该图中，只显示了子节点存储的平衡因子，但实际上在每个节点中都需要存储平衡因子（参见稍后的示例）。

平衡因子指出了哪棵子树更高以及高多少。平衡因子让树知道何时该重新平衡。平衡因子 0 意味着完全平衡；平衡因子为 –1 或 1 也没问题，因为 AVL 树不必完全平衡：子树高度相差 1 不是问题。

然而，如果平衡因子小于 –1 或大于 1，就该重新平衡了。下图中的两棵树就需要重新平衡。

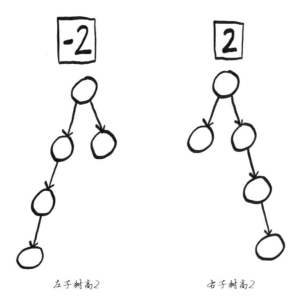

前面说过，每个节点都需要存储树高或平衡因子。在这里的示例中，将同时存储这两项信息，

旨在让你知道它们是如何变化的。知道每棵子树的高度后，很容易计算出平衡因子。我们来看一个示例。请看下面的树。

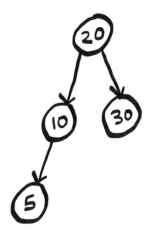

我们要将这个节点加入这棵树中。

首先，将每个节点的树高和平衡因子写出来。在下图中，H 表示树高，BF 表示平衡因子。

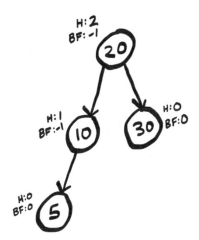

别忘了，这里同时存储了树高和平衡因子，旨在说明它们是如何变化的，但你只需存储其中的一个。请确保你明白了这些数字的含义。注意到所有叶节点的平衡因子都是 0：它们没有子节点，因此没有需要保持平衡的子树。

现在来添加前面说的节点。

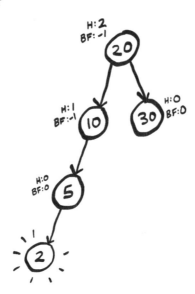

添加这个节点后，需要设置其树高和平衡因子，再沿树回溯，并更新该节点的祖先的树高和平衡因子。

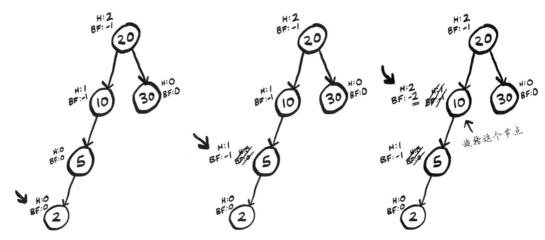

设置当前节点的树高和平衡因子　　　　　　　　沿树回溯，并更新祖先的树高和平衡因子

我们将节点 10 的平衡因子设置成了–2，这意味着需要进行旋转！这里的要点是，插入节点后，需要更新其祖先的平衡因子。AVL 树根据平衡因子来判断何时需要重新平衡。作为这个示例的最后一步，我们来旋转节点 10。

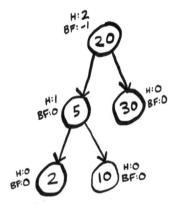

现在这棵子树平衡了。我们继续沿树回溯。

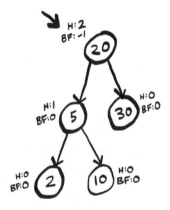

这次回溯时没有更新任何信息。实际上，我们根本不需要继续沿树回溯，因为在 AVL 树中插入节点后，最多需要做一次重新平衡。

需要使用平衡的 BST 时，AVL 树是不错的选择。下面来总结一下。

❑ 二叉树是一种树。
❑ 在二叉树中，每个节点都最多有两个子节点。
❑ BST 是一种二叉树，其中左子树中的值都比当前节点的值小，而右子树中的值都比当前节点的值大。
❑ BST 可提供极佳的性能，条件是能够保证其高度为 $O(\log n)$。
❑ AVL 树是自平衡的 BST，能够保证其高度始终为 $O(\log n)$。
❑ AVL 树通过旋转来实现自平衡。

这里并没有面面俱到，我们只介绍了一种旋转的情形，还有其他需要旋转的情形。我们不打算花时间深入讨论这些内容，因为你需要自己实现 AVL 树的情况很罕见。

至此，你知道 AVL 树的查找时间为 $O(\log n)$，那插入时间呢？插入无非是找出节点的插入位置并添加一个指针，就像在链表中插入一样。例如，要将 8 插入这棵树中，只需确定要将其插入到什么位置。

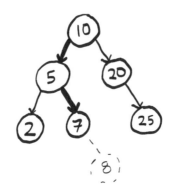

因此插入时间也是 $O(\log n)$。

本章开头说过，我们要寻找一种数据结构，其查找和插入速度都非常快。我们找到了这种"魔幻"数据结构，它就是平衡的 BST。

	查找	插入
有序数组	$O(\log n)$	$O(n)$
链表	$O(n)$	$O(1)$
BST	$O(\log n)$	$O(\log n)$

8.4　伸展树

AVL 树是一种平衡的 BST，可保证一系列操作的时间为 $O(\log n)$。

伸展树（splay tree）是另一种平衡的 BST，其优点是，如果你最近查找过一个元素，再次查找它时速度将更快。这种特点可带来明显的好处。例如，假设有一款软件，可根据你提供的邮政编码找出相应的城市。

可以想见，交互过程类似于下面这样。

现在假设你反复地查找同一个邮政编码。

这个过程让人感觉有点傻。

这款软件刚查过这个邮政编码，为何不将其记录下来呢？实际的交互过程应该是下面这样的。

这就是伸展树的行为。你在伸展树中查找一个节点后，它将把这个节点作为根节点，这样如果你再次查找这个节点，查找工作将瞬时完成。一般而言，最近查找过的节点将聚集在根节点附近，这样再次查找它们的速度将更快。

这样做的代价是，无法保证树是平衡的。因此，有些查找所需的时间可能超过 $O(\log n)$，甚至为线性时间。另外，执行查找时，可能需要旋转被查找的节点，使其成为根节点（如果它当前不是根节点的话），而旋转是需要时间的。

然而，不保证树始终处于平衡状态这种代价是可以接受的，因为可保证执行 n 次查找时，所需的总时间为 $O(n \log n)$，即每次查找的平均时间为 $O(\log n)$。因此，虽然某次查找所需的时间可能超过 $O(\log n)$，但总体而言，平均查找时间为 $O(\log n)$，而更短的查找时间正是我们要实现的目标。

8.5　B 树

B 树是一种广义的（generalized）二叉树，常用于创建数据库。下面就是一棵 B 树。

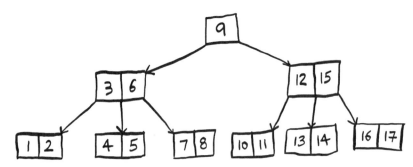

是不是看起来很乱？你可能注意到了，一些节点的子节点数不止 2 个。

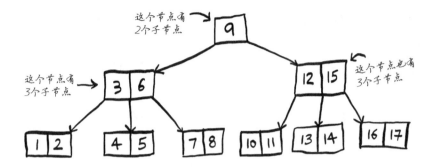

不同于二叉树，B 树中的节点可以有很多子节点。

你可能还注意到了，不同于本书前面讲到的树，在这棵树中，大多数节点有 2 个键。

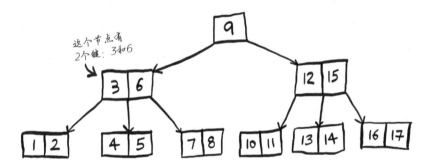

总之，在 B 树中，节点不仅可以有超过 2 个的子节点，还可以有多个键，这就是我说 B 树是广义的 BST 的原因所在。

B 树有何优点

B 树实现了一种很有趣的优化——物理优化。使用计算机在树中查找数据时，为检索数据，需要移动物理部件（移到存储部件的相应位置），这被称为**寻道时间**（seek time）。寻道时间可能是影响算法快慢的一个重要因素。

这类似于去杂货店买东西。你可以每次只买一件商品。假设你买了牛奶，但回家后意识到还应买点面包，因此你再次来到杂货店。回家后你发现咖啡喝完了，因此再次前往杂货店。这种购物方式的效率极低。如果一次性购买大量商品，效率将高得多。在这个例子中，驾车前往杂货店和回家花费的时间就相当于寻道时间。

B 树的基本理念是，既然花时间完成了寻道任务，索性将大量数据读入内存。换而言之，既然都到了杂货店，索性就把需要的东西都买了，免得反复地去杂货店。

相比于二叉树，B 树中的节点更大：每个节点包含的键多得多，拥有的子节点数也多得多。

因此，读取每个节点所需的时间更多，但寻道时间更少，因为一次性读取的数据更多。这就是 B 树的速度更快的原因所在。

　　B 树是数据库常用的一种数据结构，这没什么可奇怪的，因为数据库将大量时间花在从磁盘读取数据上。

　　请注意，访问 B 树中数据的方式也很有趣。你从左下角出发。

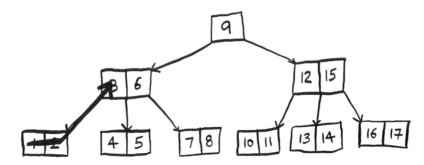

从这里开始去往何方呢？

你将蜿蜒前进，遍历整棵树。

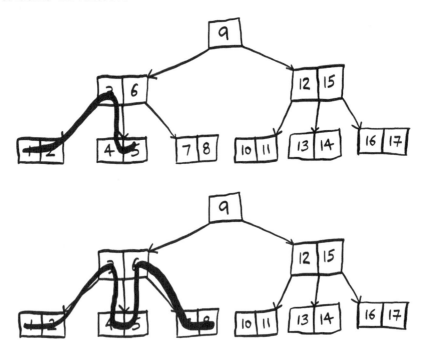

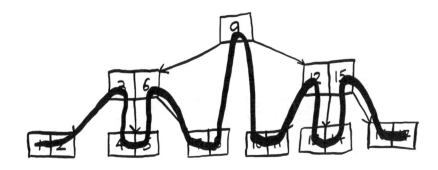

请注意，B 树也具备 BST 的性质：对每个键来说，它左边的所有键都比它小，而它右边的所有键都比它大。例如，键 3 左边的键为 1 和 2，右边的键为 4 和 5。

另外，注意到子节点数比键数大 1，例如，根节点包含 1 个键，有 2 个子节点，而这 2 个子节点都包含 2 个键，并有 3 个子节点。

对树的介绍到这里就结束了。你不太可能需要自己动手去实现树，但必须知道树是一种图，提供了极佳的性能。下一章将接着介绍图，说说加权图。

8.6　小结

- 平衡的二叉查找树（BST）的查找性能与数组相同，但插入性能更高。
- 高度会影响树的性能。
- AVL 树是一种常见的平衡 BST，与大多数平衡树一样，AVL 树通过旋转来自动达到平衡。
- B 树是一种广义的 BST，其中每个节点都可以有多个键和多个子节点。
- 寻道时间类似于前往杂货店所需的时间。B 树一次读取大量的数据，力图最大限度地缩短寻道时间。

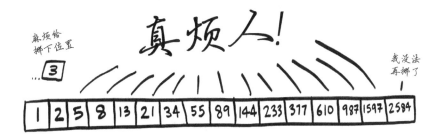

第9章
迪杰斯特拉算法

本章内容

❑ 继续图的讨论，介绍加权图——提高或降低某些边的权重。

❑ 介绍迪杰斯特拉算法，让你能够找出加权图中前往 X 的最短路径。

❑ 介绍包含负权边的图，迪杰斯特拉算法不适用于此。

在第 6 章中，你找出了从 A 点到 B 点的路径。

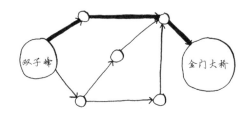

这是最短路径，因为段数最少——只有 3 段，但不一定是最快的路径。如果给这些路段加上时间（单位：分钟），你将发现有更快的路径。

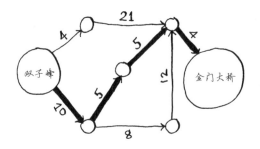

你在第 6 章中使用了广度优先搜索，它找出的是段数最少的路径（如第 1 个图所示）。如果要找出最快的路径（如第 2 个图所示），该如何办呢？为此，可使用另一种算法——**迪杰斯特拉算法**（Dijkstra's algorithm）。

9.1　使用迪杰斯特拉算法

来看看如何对下面的图使用这种算法。

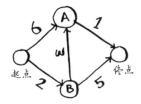

其中每个数字表示的都是时间，单位为分钟。为找出从起点到终点耗时最短的路径，你将使用迪杰斯特拉算法。

如果你使用广度优先搜索，将得到下面这条段数最少的路径。

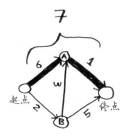

这条路径耗时 7 分钟。下面来看看能否找到耗时更短的路径！迪杰斯特拉算法包含 4 个步骤。

(1) 找出最便宜的节点，即可在最短时间内到达的节点。

(2) 更新该节点的外邻点的开销，其含义将稍后介绍。

(3) 对图中的每个节点都重复这个过程。

(4) 计算最终路径。

第(1)步：找出最便宜的节点。你站在起点，不知道该前往节点 A 还是节点 B。前往这两个节点都要多长时间呢？

前往节点 A 需要 6 分钟，而前往节点 B 需要 2 分钟。至于前往其他节点，你还不知道需要多长时间。

由于你还不知道前往终点需要多长时间，因此假设其为"无穷大"（这样做的原因你马上就会明白）。节点 B 是最近的——2 分钟就能到达。

节点	耗时
A	6
B	2
终点	∞

第(2)步：计算经节点 B 前往其各个外邻点所需的时间。

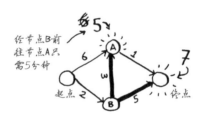

节点	耗时
A	6̶ 5
B	2
终点	7

经节点 B 前往节点 A 只需 5 分钟

你刚找到了一条前往节点 A 的更短路径！直接前往节点 A 需要 6 分钟。

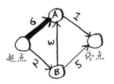

但经由节点 B 前往节点 A 只需 5 分钟！

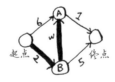

对于节点 B 的每个外邻点，如果找到前往它的更短路径，就更新其开销。在这里，你找到了：

❑ 前往节点 A 的更短路径（时间从 6 分钟缩短到 5 分钟）；
❑ 前往终点的更短路径（时间从"无穷大"缩短到 7 分钟）。

第(3)步：重复！

重复第(1)步：找出可在最短时间内前往的节点。你对节点 B 执行了第(2)步，除节点 B 外，可在最短时间内前往的节点是节点 A。

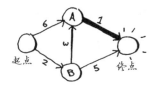

重复第(2)步：更新节点 A 的所有外邻点的开销。

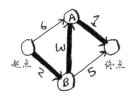

你发现前往终点的时间为 6 分钟！

你对每个节点都运行了迪杰斯特拉算法（无须对终点这样做）。现在，你知道：

❑ 前往节点 B 需要 2 分钟；
❑ 前往节点 A 需要 5 分钟；
❑ 前往终点需要 6 分钟。

节点	耗时
A	5
B	2
终点	6

最后一步——计算最终路径将留到后面去介绍，这里先直接将最终路径告诉你。

如果使用广度优先搜索，找到的最短路径将不是这条，因为这条路径包含 3 段，而有一条从起点到终点的路径只有 2 段。

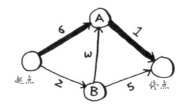

广度优先搜索找出的最短路径

在第6章中，你使用了广度优先搜索来查找两点之间的最短路径，那时"最短路径"的意思是段数最少。在迪杰斯特拉算法中，你给每段都分配了一个数字或权重，因此迪杰斯特拉算法找出的是总权重最小的路径。

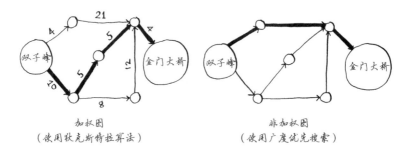

加权图
（使用狄克斯特拉算法）

非加权图
（使用广度优先搜索）

这里重述一下，迪杰斯特拉算法包含4个步骤。

(1) 找出最便宜的节点，即可在最短时间内前往的节点。

(2) 对于该节点的每个外邻点，检查是否有前往它的更短路径，如果有，就更新其开销。

(3) 对图中的每个节点都重复这个过程。

(4) 计算最终路径。（后面再介绍！）

9.2 术语

介绍迪杰斯特拉算法的其他使用示例前，先来澄清一些术语。

迪杰斯特拉算法用于每条边都有关联数字的图，这些数字称为**权重**（weight）。

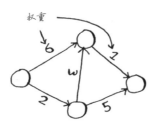

带权重的图称为**加权图**（weighted graph），不带权重的图称为**非加权图**（unweighted graph）。

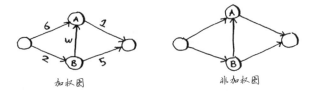

要计算非加权图中的最短路径，可使用**广度优先搜索**。要计算加权图中的最短路径，可使用**迪杰斯特拉算法**。图还可能有**环**，而环类似于下面这样。

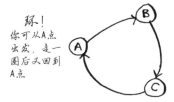

这意味着你可从一个节点出发，走一圈后又回到这个节点。假设在下面这个带环的图中，你要找出从起点到终点的最短路径。

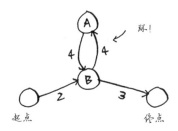

绕环前行是否合理呢？你可以选择避开环的路径。

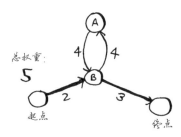

也可选择包含环的路径。

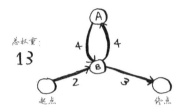

这两条路径都可到达终点，但环增加了权重。如果你愿意，甚至可绕环两次。

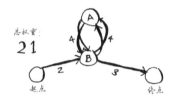

但每绕环一次，总权重都增加 8。因此，绕环的路径不可能是最短路径。

最后，还记得第 6 章对有向图和无向图的讨论吗？

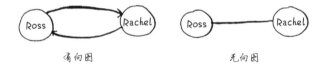

无向图意味着两个节点彼此指向对方，其实就是环！

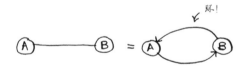

在无向图中，每条边都是一个环。迪杰斯特拉算法只适用于没有负权边的无环图。可给边指定负权，但对于包含负权边的图，迪杰斯特拉算法不适用；在这种情况下，需要使用**贝尔曼–福特**（Bellman-Ford）算法。本章后面有一节专门介绍负权边。

9.3 换钢琴

术语介绍得差不多了，我们再来看一个例子！这是 Rama，想拿一本乐谱换架钢琴。

Alex 说："这是我最喜欢的乐队 Destroyer 的海报，我愿意拿它换你的乐谱。如果你再加 5 美元，还可拿乐谱换我这张稀有的 Rick Astley 黑胶唱片。"

Amy 说："哇，我听说这张黑胶唱片里有首非常好听的歌曲，我愿意拿我的吉他和架子鼓换这张海报和黑胶唱片。"

Beethoven 惊呼："我一直想要吉他，我愿意拿我的钢琴换 Amy 的吉他或架子鼓。"

太好了！只要再花一点点钱，Rama 就能拿乐谱换架钢琴。现在他需要确定的是，如何花最少的钱实现这个目标。我们来绘制一个图，列出大家的交换意愿。

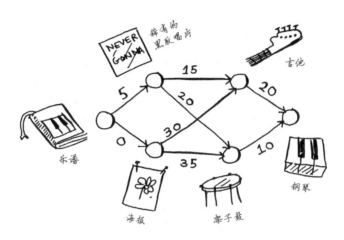

这个图中的节点是大家愿意拿出来交换的东西，边的权重是交换时需要额外加多少钱。拿海报换吉他需要额外加 30 美元，拿黑胶唱片换吉他需要额外加 15 美元。Rama 需要确定采用哪种路径将乐谱换成钢琴时需要支付的额外费用最少。为此，可以使用迪杰斯特拉算法！别忘了，迪杰斯特拉算法包含 4 个步骤。在这个示例中，你将完成所有这些步骤，因此你也将计算最终路径。

动手之前，你需要做些准备工作：创建一个表格，在其中列出每个节点的开销。这里的开销指的是到达节点需要额外支付多少钱。

节点	开销
黑胶唱片	5
海报	0
吉他	∞
架子鼓	∞
钢琴	∞

我们还不知道如何从起点前往这些节点

在执行迪杰斯特拉算法的过程中，你将不断更新这个表。为计算最终路径，还需在这个表中添加表示**父节点**的列。

节点	父节点
黑胶唱片	乐谱
海报	乐谱
吉他	——
架子鼓	——
钢琴	——

这列的作用将稍后介绍。我们开始执行算法吧。

第(1)步：找出最便宜的节点。在这里，换海报最便宜，不需要支付额外的费用。还有更便宜的换海报的路径吗？这一点非常重要，你一定要想一想。Rama 能够通过一系列交换得到海报，还能额外得到钱吗？想清楚后接着往下读。答案是不能，**因为海报是 Rama 能够到达的最便宜的节点，没法再便宜了。** 下面提供了另一种思考角度。假设你要从家里去单位。

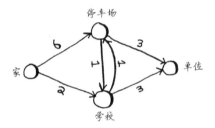

如果你走经过学校的路，到学校需要 2 分钟。如果你走经过停车场的路，到停车场需要 6 分钟。如果经停车场前往学校，能不能将时间缩短到少于 2 分钟呢？不可能，因为只前往停车场就需要 6 分钟。那有没有能更快到达停车场的路呢？有。

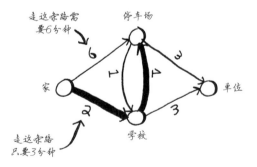

这就是迪杰斯特拉算法背后的关键理念：**找出图中最便宜的节点，并确保没有到该节点的更便宜的路径！**

回到换钢琴的例子。换海报需要支付的额外费用最少。

第(2)步：计算前往该节点的各个外邻点的开销。

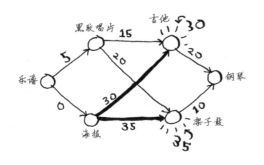

父节点	节点	开销
乐谱	黑胶唱片	5
乐谱	海报	0
海报	吉他	~~∞~~ 30
海报	架子鼓	~~∞~~ 35
——	钢琴	∞

现在的表中包含吉他和架子鼓的开销。这些开销是用海报交换它们时需要支付的额外费用，因此父节点为海报。这意味着，要到达吉他，需要沿从海报出发的边前行，对架子鼓来说亦如此。

父节点	节点	开销
乐谱	黑胶唱片	5
乐谱	海报	0
海报	吉他	30
海报	架子鼓	35
——	钢琴	∞

我们经海报前往这些节点

再次执行第(1)步：下一个最便宜的节点是黑胶唱片——需要额外支付 5 美元。

再次执行第(2)步：更新黑胶唱片的各个外邻点的开销。

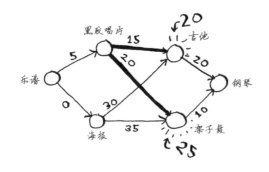

父节点	节点	开销
乐谱	黑胶唱片	5
乐谱	海报	0
黑胶唱片	吉他	~~30~~ 20
黑胶唱片	架子鼓	~~35~~ 25
——	钢琴	∞

你更新了架子鼓和吉他的开销！这意味着经黑胶唱片前往架子鼓和吉他的开销更小，因此你将这些乐器的父节点改为黑胶唱片。

下一个最便宜的节点是吉他，因此更新其外邻点的开销。

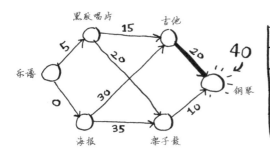

父节点	节点	开销
乐谱	黑胶唱片	5
乐谱	海报	0
黑胶唱片	吉他	20
黑胶唱片	架子鼓	25
吉他	钢琴	40

你终于计算出了用吉他换钢琴的开销，于是将其父节点设置为吉他。对最后一个节点——架子鼓做同样的处理。

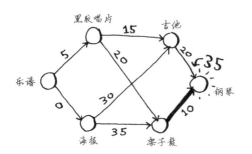

父节点	节点	开销
乐谱	黑胶唱片	5
乐谱	海报	0
黑胶唱片	吉他	20
黑胶唱片	架子鼓	25
架子鼓	钢琴	35

如果用架子鼓换钢琴，Rama 需要额外支付的费用更少。因此，**采用最便宜的交换路径时，Rama 需要额外支付 35 美元。**

现在来兑现前面的承诺，确定最终的路径。当前，我们知道最短路径的开销为 35 美元，但如何确定这条路径呢？为此，先找出**钢琴**的父节点。

父节点	节点
乐谱	黑胶唱片
乐谱	海报
黑胶唱片	吉他
黑胶唱片	架子鼓
架子鼓	钢琴

钢琴的父节点为架子鼓，这意味着 Rama 需要用架子鼓来换钢琴。因此你就沿着这条边前行。

我们来看看需要沿哪些边前行。**钢琴**的父节点为**架子鼓**。

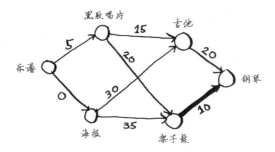

架子鼓的父节点为黑胶唱片。

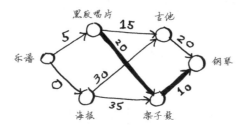

因此 Rama 需要用黑胶唱片换架子鼓。显然，他需要用乐谱来换黑胶唱片。通过沿父节点回溯，便得到了完整的交换路径。

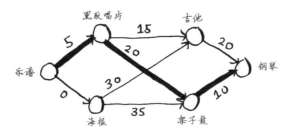

下面是 Rama 需要做的一系列交换。

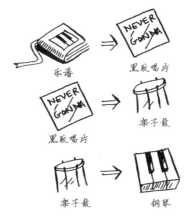

本章前面使用的都是术语**最短路径**的字面意思：计算两点或两人之间的最短路径。但希望这个示例让你明白：最短路径指的并不一定是物理距离，也可能是让某种度量指标最小。在这个示例中，最短路径指的是 Rama 想要额外支付的费用最少。这都要归功于迪杰斯特拉！

9.4　负权边

在前面的交换示例中，Alex 提供了两种可用乐谱交换的东西。

假设 Sarah 用海报交换了黑胶唱片，并且给了 Rama 额外的 7 美元。换句话说，Rama 交换黑胶唱片时，不但不用支付任何费用，还可得 7 美元。

对于这种情况，如何在图中表示出来呢？

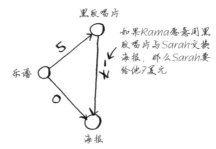

从黑胶唱片到海报的边的权重为负！即这种交换让 Rama 能够得到 7 美元。现在，Rama 有两种获得海报的方式。

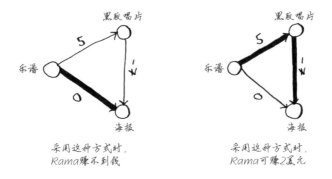

第 2 种方式更划算——Rama 可赚 2 美元！你可能还记得，Rama 可以用海报换架子鼓，但现在有两种换得架子鼓的方式。

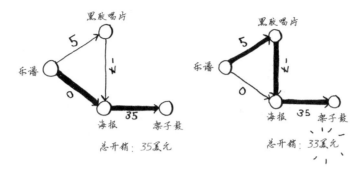

第 2 种方式的开销少 2 美元，他应采取这种方式。然而，如果你对这个图运行迪杰斯特拉算法，Rama 将选择错误的路径——更长的那条路径。**如果有负权边，就不能使用迪杰斯特拉算法，因为负权边会导致这种算法不管用。** 下面来看看对这个图执行迪杰斯特拉算法的情况。首先，创建开销表。

接下来，找出开销最小的节点，并更新其外邻点的开销。在这里，开销最小的节点是海报。**根据迪杰斯特拉算法，没有比不支付任何费用获得海报更便宜的方式。**（你知道这并不对！）无论如何，我们来更新其外邻点的开销。

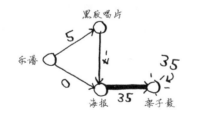

现在，架子鼓的开销变成了 35 美元。

我们来找出最便宜的未处理节点。

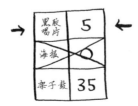

更新其外邻点的开销。

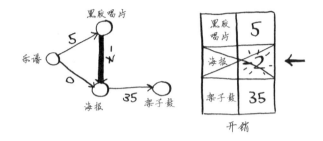

海报节点已处理过,这里却更新了它的开销。这是一个危险信号。节点一旦被处理,就意味着没有前往该节点的更便宜路径,但你刚才却找到了前往海报节点的更便宜路径!架子鼓没有任何外邻点,因此算法到此结束,最终开销如下。

最终开销

换得架子鼓的开销为 35 美元。你知道有一种交换方式只需 33 美元,但迪杰斯特拉算法没有找到。这是因为迪杰斯特拉算法这样假设:对于处理过的海报节点,没有前往该节点的更便宜路径。这种假设仅在没有负权边时才成立。因此,**不能将迪杰斯特拉算法用于包含负权边的图**。在包含负权边的图中,要找出最短路径,可使用另一种算法——贝尔曼-福特算法。本书不介绍这种算法,你可以在网上找到其详尽的说明。

9.5 实现

来看看如何使用代码实现迪杰斯特拉算法,这里以下面的图为例。

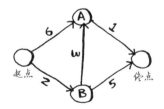

要编写解决这个问题的代码，需要 3 个哈希表。

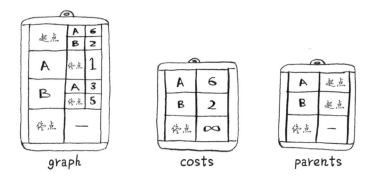

随着算法的进行，你将不断更新哈希表 costs 和 parents。首先，需要实现这个图，为此可像第 6 章那样使用一个哈希表。

```
graph = {}
```

在第 6 章中，你像下面这样将节点的所有外邻点都存储在哈希表中。

```
graph["you"] = ["alice", "bob", "claire"]
```

但这里需要同时存储外邻点和前往外邻点的开销。例如，起点有两个外邻点——A 和 B。

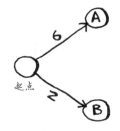

如何表示这些边的权重呢？为何不使用另一个哈希表呢？

```
graph["start"] = {}
graph["start"]["a"] = 6
graph["start"]["b"] = 2
```

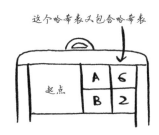

这个哈希表又包含哈希表

因此 `graph["start"]` 是一个哈希表。要获取起点的所有外邻点，可像下面这样做。

```
>>> print(list(graph["start"].keys()))
["a", "b"]
```

有一条从起点到 A 的边，还有一条从起点到 B 的边。要获悉这些边的权重，该如何办呢？

```
>>> print(graph["start"]["a"])
6
>>> print(graph["start"]["b"])
2
```

下面来添加其他节点及其外邻点。

```
graph["a"] = {}
graph["a"]["fin"] = 1

graph["b"] = {}
graph["b"]["a"] = 3
graph["b"]["fin"] = 5

graph["fin"] = {}      ◀┈┈┈┈┈┈ 终点没有任何外邻点
```

表示整个图的哈希表类似于下面这样。

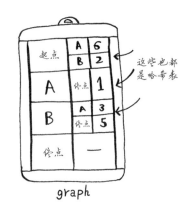

graph

接下来，需要用一个哈希表来存储每个节点的当前开销。

节点的**开销**指的是从起点出发前往该节点需要多长时间。你知道的，从起点到节点 B 需要 2 分钟，从起点到节点 A 需要 6 分钟（但你可能会找到所需时间更短的路径）。你不知道到终点需要多长时间。对于还不知道的开销，你将其设置为无穷大。在 Python 中能够表示无穷大吗？你可以这样做：

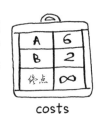

costs

```
infinity = math.inf
```

创建开销表的代码如下。

```
import math
infinity = math.inf
costs = {}
costs["a"] = 6
costs["b"] = 2
costs["fin"] = infinity
```

还需要一个存储父节点的哈希表。

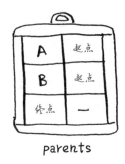

parents

创建这个哈希表的代码如下。

```
parents = {}
parents["a"] = "start"
parents["b"] = "start"
parents["fin"] = None
```

最后,需要一个集合,用于记录处理过的节点,因为对于同一个节点,不用处理多次。

```
processed = set()
```

准备工作做好了,下面来看看算法。

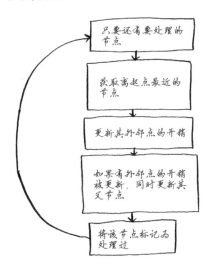

我先列出代码，然后再详细介绍。代码如下。

```
node = find_lowest_cost_node(costs)          ◄──────  在未处理的节点中找出
while node is not None:           ◄──────  这个 while 循环在所有   开销最小的节点
    cost = costs[node]                        节点都被处理过后结束
    neighbors = graph[node]
    for n in neighbors.keys():  ◄──────  遍历当前节点的所有外邻点
        new_cost = cost + neighbors[n]
        if costs[n] > new_cost:  ◄──────  如果经当前节点前往该外邻点更近，
            costs[n] = new_cost              就更新该外邻点的开销
            parents[n] = node                同时将该外邻点的父节点设置为当前节点
    processed.add(node)           ◄──────  将当前节点标记为处理过
    node = find_lowest_cost_node(costs)  ◄──────  找出接下来要处理的节点，并循环
```

这就是实现迪杰斯特拉算法的 Python 代码！我们先来看看这些代码的执行过程，稍后再列出函数 find_lowest_cost_node 的代码。

找出开销最小的节点。

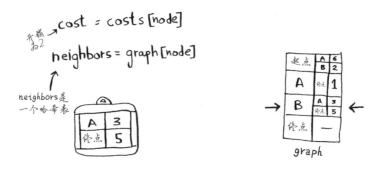

获取该节点的开销和外邻点。

遍历外邻点。

每个节点都有开销。开销指的是从起点前往该节点需要多长时间。在这里，你计算从起点出发，经节点 B 前往节点 A（而不是直接前往节点 A）需要多长时间。

接下来对新旧开销进行比较。

找到了一条前往节点 A 的更短路径！因此更新节点 A 的开销。

这条新路径经由节点 B，因此节点 A 的父节点改为节点 B。

现在回到了 for 循环开头。下一个外邻点是终点节点。

for n in neighbors.keys():

n为"终点"

| A | 终点 |

经节点 B 前往终点需要多长时间呢?

new_cost = cost + neighbors[n]

2   节点B到终点的距离:5

2+5 = 7

需要 7 分钟。终点原来的开销为无穷大,比 7 分钟长。

if costs[n] > new_cost:

7

| 终点 | ∞ |

costs

在此之前,我们不知道前往终点的开销

设置终点节点的开销和父节点。

costs[n] = new_cost

"终点"   7

A	5
B	2
终点	~~∞~~ 7

costs

parents[n] = node

"终点"   "B"

A	B
B	起点
终点	B

parents

你更新了节点 B 的所有外邻点的开销。现在，将节点 B 标记为处理过。

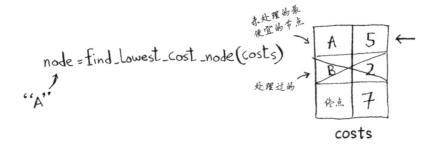

找出接下来要处理的节点。

获取节点 A 的开销和外邻点。

节点 A 只有一个外邻点：终点节点。

当前，前往终点需要 7 分钟。如果经节点 A 前往终点，需要多长时间呢？

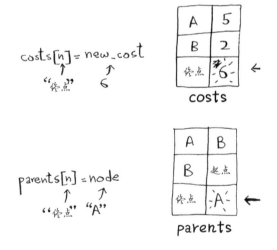

经节点 A 前往终点所需的时间更短！因此更新终点的开销和父节点。

处理完所有的节点后，这个算法就结束了。希望前面对执行过程的详细介绍让你对这个算法有更深入的认识。函数 find_lowest_cost_node 找出开销最小的节点，其代码非常简单，如下所示。

```
def find_lowest_cost_node(costs):
    lowest_cost = math.inf
    lowest_cost_node = None
    for node in costs:    ◄⋯⋯⋯⋯⋯遍历所有的节点
```

```
        cost = costs[node]
    if cost < lowest_cost and node not in processed: ◄┈┈┈
        lowest_cost = cost ◄┈┈┈┈┈┈┈┈ 就将其视为开销最小的节点
        lowest_cost_node = node
return lowest_cost_node
```

如果当前节点的开销更小
且未处理过

　　为找出开销最小的节点，我们遍历了所有的节点。对于这里使用的算法，有一个效率更高的版本，该版本使用一种被称为**优先级队列**（priority queue）的数据结构。优先级队列基于另一种数据结构——**堆**（heap）。如果你对优先级队列和堆感兴趣，可参阅本书最后一章中介绍堆的那节。

练习

9.1　在下面的各个图中，从起点到终点的最短路径的总权重分别是多少？

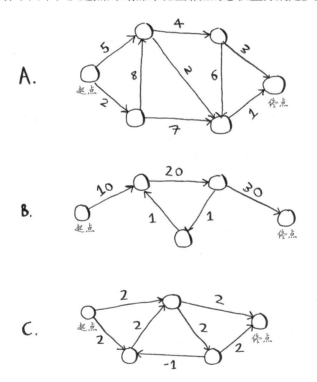

9.6　小结

- □ 广度优先搜索用于在非加权图中查找最短路径。
- □ 迪杰斯特拉算法用于在加权图中查找最短路径。
- □ 仅当所有权重都非负时，迪杰斯特拉算法才管用。
- □ 如果图中包含负权边，请使用贝尔曼-福特算法。

第 10 章

贪婪算法

本章内容

❑ 学习贪婪策略——一种非常简单的问题解决策略。
❑ 学习如何处理不可能完成的任务：没有快速算法的问题（NP-hard 问题）。
❑ 学习近似算法，使用它们可快速找到 NP-hard 问题的近似解。

10.1 教室调度问题

假设有如下课程表，你希望将尽可能多的课程安排在某间教室上。

课程	开始时间	结束时间
美术	9:00AM	10:00AM
英语	9:30AM	10:30AM
数学	10:00AM	11:00AM
计算机	10:30AM	11:30AM
音乐	11:00AM	12:00PM

你没法让这些课都在这间教室上，因为有些课的上课时间有冲突。

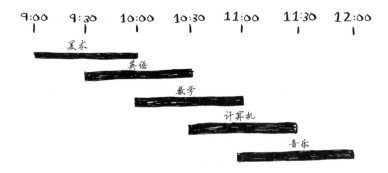

你希望在这间教室上尽可能多的课。如何选出尽可能多且时间不冲突的课程呢?

这个问题好像很难,不是吗? 实际上,算法可能简单得让你大吃一惊。具体做法如下。

(1) 选出结束最早的课,它就是要在这间教室上的第 1 堂课。

(2) 接下来,必须选择第 1 堂课结束后才开始的课。同样,你选择结束最早的课,这将是要在这间教室上的第 2 堂课。

重复这样做就能找出答案! 下面来试一试。美术课的结束时间最早,为 10:00 AM,因此它就是第 1 堂课。

美术	9:00AM	10:00AM	✓
英语	9:30AM	10:30AM	
数学	10:00AM	11:00AM	
计算机	10:30AM	11:30AM	
音乐	11:00AM	12:00PM	

接下来的课必须在 10:00 AM 后开始,且结束得最早。

美术	9:00AM	10:00AM	✓
英语	9:30AM	10:30AM	✗
数学	10:00AM	11:00AM	✓
计算机	10:30AM	11:30AM	
音乐	11:00AM	12:00PM	

英语课不行，因为它的时间与美术课冲突，但数学课满足条件。最后，计算机课与数学课的时间是冲突的，但音乐课可以。

美术	9:00AM	10:00AM	✓
英语	9:30AM	10:30AM	✗
数学	10:00AM	11:00AM	✓
计算机	10:30AM	11:30AM	✗
音乐	11:00AM	12:00PM	✓

因此将在这间教室上如下 3 堂课。

很多人都跟我说，这个算法太容易、太显而易见，肯定不对。但这正是贪婪算法的优点——简单易行！贪婪算法很简单：每步都采取最优的做法。在这个示例中，你每次都选择结束最早的课。用专业术语说，就是**你每步都选择局部最优解**，最终得到的就是全局最优解。信不信由你，对于这个调度问题，上述简单算法找到的就是最优解！

显然，贪婪算法并非在任何情况下都行之有效，但它易于实现！下面再来看一个例子。

10.2　背包问题

假设你参加一个活动，背着可装 35 磅（1 磅≈0.45 千克）重东西的背包，在商场选取各种可装入背包的商品。

你力图往背包中装入价值最大的商品，你会使用哪种算法呢？

同样，你采取贪婪策略，这非常简单。

(1) 拿可装入背包的最贵商品。

(2) 再拿还可装入背包的最贵商品，以此类推。

只是这次这种贪婪策略不好使了！例如，你可选取的商品有下面 3 种。

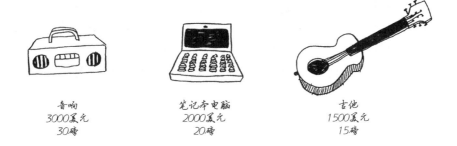

音响
3000美元
30磅

笔记本电脑
2000美元
20磅

吉他
1500美元
15磅

你的背包可装 35 磅的东西。音响最贵，你选择了它，但背包没有空间装其他东西了。

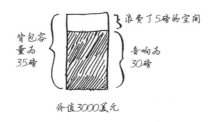

浪费了5磅的空间

背包容
量为
35磅

音响为
30磅

价值3000美元

你拿了价值 3000 美元的东西。且慢！如果不是拿音响，而是拿笔记本电脑和吉他，总价值将为 3500 美元！

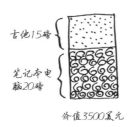

吉他15磅

笔记本电
脑20磅

价值3500美元

在这里，贪婪策略显然不能获得最优解。贪婪策略获得的解有时非常糟糕，有时接近最优解。下一章将介绍如何找出最优解。

从这个示例你得到了如下启示：在有些情况下，完美是优秀的敌人。有时候，你只需找到一个能够大致解决问题的算法，此时贪婪算法正好可派上用场，因为它们实现起来很容易，且得到的结果通常足够好。

练习

10.1 你在一家家具公司工作，需要将家具发往全国各地，为此你需要将箱子装上卡车。每个箱子的尺寸各不相同，你需要尽可能利用每辆卡车的空间，为此你将如何选择要装上卡车的箱子呢？请设计一种贪婪算法。使用这种算法能得到最优解吗？

10

10.2   你要去欧洲旅行，总行程为 7 天。对于每个旅游胜地，你都给它分配一个价值——
       表示你有多想去那里看看，并估算出需要多长时间。你如何将这次旅行的价值最大
       化？请设计一种贪婪算法。使用这种算法能得到最优解吗？

下面来看最后一个例子。在这个例子中，你别无选择，只能使用贪婪算法。

10.3   集合覆盖问题

假设你办了个广播节目，要让全美 50 个州的听众都收听得到。为此，你需要决定在哪些广
播台播出。在每个广播台播出都需要支付费用，因此你力图在尽可能少的广播台播出。现有广播
台名单如下。

广播台	覆盖的州
kone	ID,NV,UT
ktwo	WA,ID,MT
kthree	OR,NV,CA
kfour	NV,UT
kfive	CA,AZ

...

每个广播台都覆盖特定的区域，不同广播台的覆盖区域可能重叠。

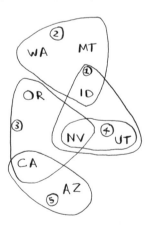

如何找出覆盖全美 50 个州的最小广播台集合呢？听起来很容易，但其实非常难。具体方法
如下。

列出每个可能的广播台集合，这被称为**幂集**（power set）。可能的子集有 2^n 个。

在这些集合中，选出覆盖全美 50 个州的最小集合。

问题是计算每个可能的广播台子集需要很长时间。由于可能的子集有 2^n 个，因此运行时间为 $O(2^n)$。如果广播台不多，只有 5～10 个，这是可行的。但如果广播台很多，结果将如何呢？随着广播台的增多，需要的时间将激增。假设你每秒可计算 10 个子集，所需的时间将如下。

广播台数量	需要的时间
5	3.2 秒
10	102.4 秒
32	13.6 年
100	4×10^{21} 年

没有任何已知算法可以足够快地解决这个问题！怎么办呢？

近似算法

贪婪算法可化解危机！使用下面的贪婪算法可得到非常接近的解。

(1) 选出这样一个广播台，即它覆盖了最多的未覆盖州。即便这个广播台覆盖了一些已覆盖的州，也没有关系。

(2) 重复第(1)步，直到覆盖了所有的州。

这是一种**近似算法**（approximation algorithm）。在获得精确解需要的时间太长时，可使用近似算法。判断近似算法优劣的标准如下：

❑ 速度有多快；
❑ 得到的近似解与最优解的接近程度。

贪婪算法是不错的选择，它们不仅简单，而且通常运行速度很快。在这个例子中，贪婪算法

的运行时间为 $O(n^2)$，其中 n 为广播台数量。

下面来看看解决这个问题的代码。

1. 准备工作

出于简化考虑，这里假设要覆盖的州没有那么多，广播台也没有那么多。

首先，创建一个列表，其中包含要覆盖的州。

```
states_needed = set(["mt", "wa", "or", "id", "nv", "ut",
"ca", "az"])    ◄·················· 你传入一个数组，它被转换为集合
```

我使用集合来表示要覆盖的州。集合类似于列表，只是同样的元素只能出现一次，即**集合不能包含重复的元素**。例如，假设你有如下列表。

```
>>> arr = [1, 2, 2, 3, 3, 3]
```

你将其转换为集合。

```
>>> set(arr)
set([1, 2, 3])
```

在这个集合中，数字 1、2 和 3 都只出现一次。

$$[1,2,2,3,3,3] \quad \longrightarrow \quad 转换为集合 \longrightarrow \quad (1,2,3)$$
$$集合$$

还需要有可供选择的广播台清单，我选择使用字典来表示它。

```
stations = {}
stations["kone"] = set(["id", "nv", "ut"])
stations["ktwo"] = set(["wa", "id", "mt"])
stations["kthree"] = set(["or", "nv", "ca"])
stations["kfour"] = set(["nv", "ut"])
stations["kfive"] = set(["ca", "az"])
```

其中的键为广播台的名称，值为广播台覆盖的州。在该示例中，广播台 kone 覆盖了爱达荷州、内华达州和犹他州。所有的值都是集合。你马上将看到，使用集合来表示一切可以简化工作。

最后，需要使用一个集合来存储最终选择的广播台。

```
final_stations = set()
```

2. 计算答案

接下来需要计算要使用哪些广播台。根据下边的示意图，你能确定应使用哪些广播台吗？

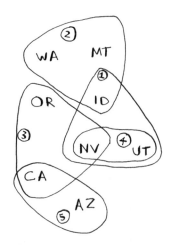

正确的解可能有多个。你需要遍历所有的广播台，从中选择覆盖了最多未覆盖州的广播台。我将这个广播台存储在 best_station 中。

```
best_station = None
states_covered = set()
for station, states_for_station in stations.items():
```

states_covered 是一个集合，包含最多的未覆盖州。别忘了，我们要找到这样的广播台：它能够覆盖的未覆盖州最多。for 循环迭代每个广播台，并确定它是不是最佳的广播台。下面来看看这个 for 循环的循环体。

```
covered = states_needed & states_for_station      ◄········ 你没见过的语法！它计算交集
if len(covered) > len(states_covered):
  best_station = station
  states_covered = covered
```

其中有一行代码看起来很有趣。

```
covered = states_needed & states_for_station
```

它是做什么的呢?

10

3. 集合

假设你有一个水果集合。

水果

还有一个蔬菜集合。

有这两个集合后，你就可以使用它们来做些有趣的事情。

下面是你可以对集合执行的一些操作。

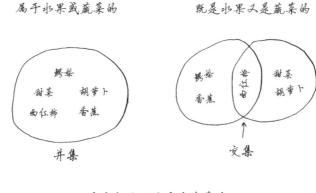

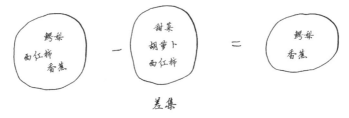

❑ 并集意味着将集合合并。

❑ 交集意味着找出两个集合中都有的元素（在这里，只有西红柿符合条件）。

❑ 差集意味着从一个集合中剔除出现在另一个集合中的元素。

下面是一个例子。

```
>>> fruits = set(["avocado", "tomato", "banana"])
>>> vegetables = set(["beets", "carrots", "tomato"])
>>> fruits | vegetables  ◀⋯⋯⋯⋯⋯⋯⋯⋯⋯  并集
set(["avocado", "beets", "carrots", "tomato", "banana"])
>>> fruits & vegetables  ◀⋯⋯⋯⋯⋯⋯⋯⋯⋯  交集
```

```
set(["tomato"])
>>> fruits - vegetables        ◄·········· 差集
set(["avocado", "banana"])
>>> vegetables - fruits        ◄·········· 你觉得这行代码是做什么的呢？
```

这里小结一下：

❑ 集合类似于列表，只是不能包含重复的元素；
❑ 你可执行一些有趣的集合运算，如并集、交集和差集。

4. 回到代码

回到前面的示例。

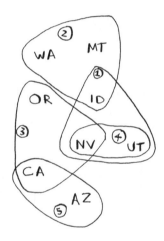

下面的代码计算交集。

```
covered = states_needed & states_for_station
```

covered 是一个集合，包含同时出现在 states_needed 和 states_for_station 中的州；换言之，它包含当前广播台覆盖的一系列还未覆盖的州！接下来，你检查该广播台覆盖的州是否比 best_station 多。

```
if len(covered) > len(states_covered):
  best_station = station
  states_covered = covered
```

如果是这样的，就将 best_station 设置为当前广播台。最后，你在 for 循环结束后将 best_station 添加到最终的广播台列表中。

```
final_stations.add(best_station)
```

你还需更新 states_needed。由于该广播台覆盖了一些州，因此不用再覆盖这些州。

```
states_needed -= states_covered
```

10

你不断地循环，直到 states_needed 为空。这个循环的完整代码如下。

```
while states_needed:
  best_station = None
  states_covered = set()
  for station, states in stations.items():
    covered = states_needed & states
    if len(covered) > len(states_covered):
      best_station = station
      states_covered = covered


  states_needed -= states_covered
  final_stations.add(best_station)
```

最后，你打印 final_stations，结果类似于下面这样。

```
>>> print(final_stations)
set(['ktwo', 'kthree', 'kone', 'kfive'])
```

结果符合你的预期吗？选择的广播台可能是 2、3、4 和 5，而不是预期的 1、2、3 和 5。下面来比较一下贪婪算法和精确算法的运行时间。

广播台数量	$O(2^n)$ 精确算法	$O(n^2)$ 贪婪算法
5	3.2 秒	2.5 秒
10	102.4 秒	10 秒
32	13.6 年	102.4 秒
100	4×10^{21} 年	16.67 分钟

贪婪算法并非总能提供准确的答案，但其运行速度快得多。集合覆盖问题属于 NP-hard 问题（NP-hard problem），如果你想更深入地了解 NP-hard 问题，可参阅附录 B。

10.4　小结

- 贪婪算法寻找局部最优解，企图以这种方式获得全局最优解。
- 面临 NP-hard 问题时，最佳的做法是使用近似算法。
- 贪婪算法易于实现、运行速度快，是不错的近似算法。

第 11 章

动态规划

本章内容

- 学习动态规划，这是一种解决棘手问题的方法，它将问题分成小问题，并先着手解决这些小问题。
- 学习如何设计问题的动态规划解决方案。

11.1　再谈背包问题

我们再来看看第 10 章的背包问题。假设你背着一个可装 4 磅东西的背包。

你可选取的商品有如下 3 件。

音响
3000美元
4磅

笔记本电脑
2000美元
3磅

吉他
1500美元
1磅

为了让拿到的商品价值最大，你该选择哪些商品？

11.1.1　简单算法

最简单的算法如下：尝试各种可能的商品组合，并找出价值最大的组合。

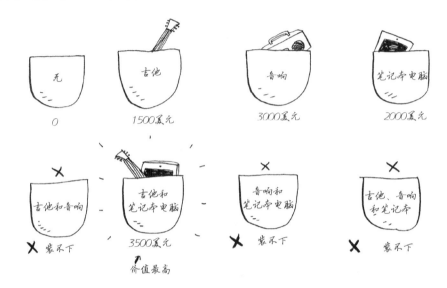

这样可行，但速度非常慢。在有 3 件商品的情况下，你需要计算 8 个不同的组合；有 4 件商品时，你需要计算 16 个组合。每增加一件商品，需要计算的组合数都将翻倍！这种算法的运行时间为 $O(2^n)$，真的是慢如蜗牛。

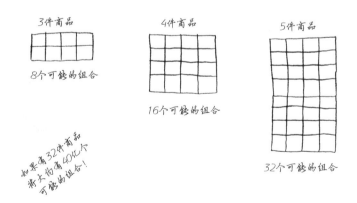

只要商品数量多到一定程度，这种算法就行不通。在第 10 章中，你学习了如何找到近似解，这接近最优解，但可能不是最优解。

那么如何找到最优解呢?

11.1.2 动态规划

答案是使用动态规划！下面来看看动态规划算法的工作原理。动态规划先解决子问题，再逐步解决大问题。

对于背包问题，你先解决小背包（子背包）问题，再逐步解决原来的问题。

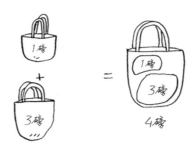

动态规划是一个难以理解的概念，如果你没有立即搞懂，也不用担心，我们将研究很多示例。

先来演示这种算法的执行过程。看过执行过程后，你心里将有一大堆问题！我将竭尽所能解答这些问题。

每个动态规划算法都从一个网格开始，背包问题的网格如下。

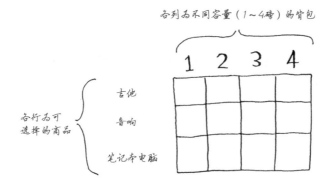

网格的各行为商品，各列为不同容量（1～4 磅）的背包。所有这些列你都需要，因为它们将帮助你计算子背包的价值。

网格最初是空的。你将填充其中的每个单元格，网格填满后，就找到了问题的答案！你一定要跟着做。请你创建网格，我们一起来填满它。

1. 吉他行

后面将列出计算这个网格中单元格值的公式。我们先来一步一步做。首先来看第 1 行。

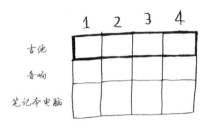

这是**吉他**行,意味着你将尝试将吉他装入背包。在每个单元格,都需要做一个简单的决定:拿不拿吉他? 别忘了,你要找出一个价值最大的商品组合。

第 1 个单元格表示背包的容量为 1 磅。吉他的重量也是 1 磅,这意味着它能装入背包。因此这个单元格包含吉他,价值为 1500 美元。

下面开始填充网格。

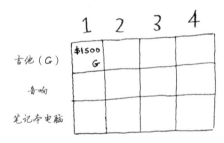

与这个单元格一样,每个单元格都将包含当前可装入背包的所有商品。

来看下一个单元格。这个单元格表示背包的容量为 2 磅,完全能够装下吉他!

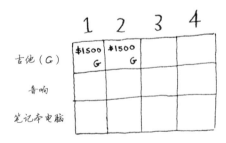

这行的其他单元格也一样。别忘了,这是第 1 行,只有吉他可供你选择。换言之,你假装现在还没法拿其他两件商品。

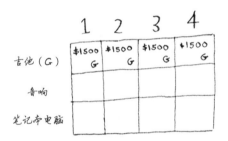

此时你很可能心存疑惑：原来的问题说的是容量为 4 磅的背包，我们为何要考虑容量为 1 磅、2 磅等的背包呢？前面说过，动态规划从小问题着手，逐步解决大问题。这里解决的子问题将帮助你解决大问题。请接着往下读，稍后你就会明白的。

此时网格应类似于下面这样。

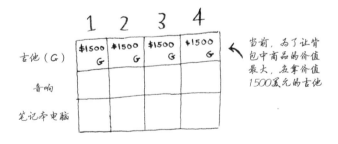

别忘了，你要做的是让背包中商品的价值最大。**这行表示的是当前的最大价值**。它指出，如果你有一个容量为 4 磅的背包，可在其中装入的商品的最大价值为 1500 美元。

你知道这不是最终答案。随着算法往下执行，你将逐步修改最大价值。

2. 音响行

我们来填充下一行——音响行。你现在处于第 2 行，可选的商品有吉他和音响。在每一行，可选的商品都为当前行的商品以及之前各行的商品。因此，当前你还不能拿笔记本电脑，而只能拿音响和吉他。我们先来看第 1 个单元格，它表示容量为 1 磅的背包。在此之前，可装入其中的商品的最大价值为 1500 美元。

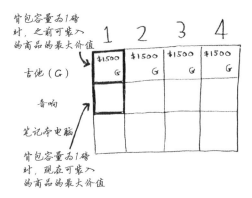

该不该拿音响呢?

背包的容量为 1 磅,能装下音响吗? 音响太重了,装不下! 由于容量为 1 磅的背包装不下音响,因此最大价值依然是 1500 美元。

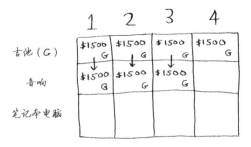

接下来的两个单元格的情况与此相同。在这些单元格中,背包的容量分别为 2 磅和 3 磅,而以前的最大价值为 1500 美元。

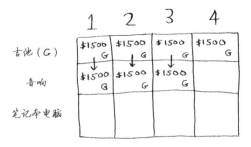

由于这些背包装不下音响，因此最大价值保持不变。

背包容量为 4 磅呢？终于能够装下音响了！原来的最大价值为 1500 美元，但如果在背包中装入音响而不是吉他，价值将为 3000 美元！因此还是拿音响吧。

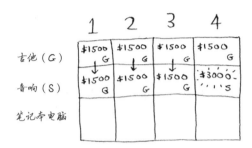

你更新了最大价值！如果背包的容量为 4 磅，就能装入价值至少 3000 美元的商品。在这个网格中，你逐步地更新最大价值。

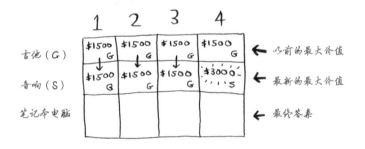

3. 笔记本电脑行

下面以同样的方式处理笔记本电脑。笔记本电脑重 3 磅，没法将其装入容量为 1 磅或 2 磅的背包，因此前两个单元格的最大价值还是 1500 美元。

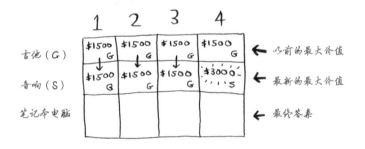

对于容量为 3 磅的背包，原来的最大价值为 1500 美元，但现在你可选择价值 2000 美元的笔记本电脑而不是吉他，这样新的最大价值将为 2000 美元！

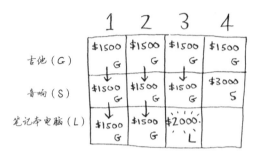

对于容量为 4 磅的背包，情况很有趣。这是非常重要的部分。当前的最大价值为 3000 美元，你可不拿音响，而拿笔记本电脑，但它只值 2000 美元。

$$\$3000 \quad \text{vs} \quad \$2000$$
音响　　　　　　　笔记本电脑

价值没有原来大。但等一等，笔记本电脑的重量只有 3 磅，背包还有 1 磅的容量没用！

$$\$3000 \quad \text{vs} \quad \left(\$2000 + \underline{\text{?？?}}\right)$$
音响　　　　　笔记本电脑　　　余下的1磅容量

在 1 磅的容量中，可装入的商品的最大价值是多少呢？你之前计算过。

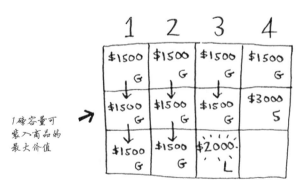

根据之前计算的最大价值可知，在 1 磅的容量中可装入吉他，价值 1500 美元。因此，你需要做如下比较。

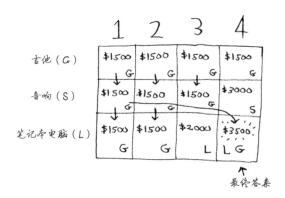

$$\$3000 \quad vs \quad \left(\$2000 + \$1500\right)$$

音响   笔记本电脑   吉他

你可能始终心存疑惑：为何计算小背包可装入的商品的最大价值呢？但愿你现在明白了其中的原因！余下了空间时，你可根据这些子问题的答案来确定余下的空间能装入哪些商品。笔记本电脑和吉他的总价值为 3500 美元，因此拿它们是更好的选择。

最终的网格类似于下面这样。

	1	2	3	4
吉他（G）	$1500 ↓G	$1500 ↓G	$1500 ↓G	$1500 G
音响（S）	$1500 ↓G	$1500 ↓G	$1500 G	$3000 S
笔记本电脑（L）	$1500 G	$1500 G	$2000 L	$3500 L LG

↑ 最终答案

答案如下：将吉他和笔记本电脑装入背包时价值最大，为 3500 美元。

你可能认为，计算最后一个单元格的价值时，我使用了不同的公式。那是因为填充之前的单元格时，我故意避开了一些复杂的因素。其实，计算每个单元格的价值时，使用的公式都相同。这个公式如下。

$$CELL[i][j] = \text{两者中较大的那个} \begin{cases} 1. \text{上一个单元格的值（即 } CELL[i-1][j] \text{ 的值）} \\ vs \\ 2. \text{当前商品的价值 + 剩余空间的价值} \\ \quad CELL[i-1][j-\text{当前商品的重量}] \end{cases}$$

行 列

你可以使用这个公式来计算每个单元格的价值，最终的网格将与前一个网格相同。现在你明白为何要求解子问题了吧？你可以合并两个子问题的答案来得到更大问题的答案。

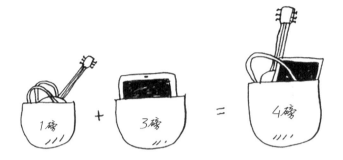

11.2　背包问题 FAQ

你可能还是觉得这像是变魔术。本节将回答一些常见的问题。

11.2.1　再增加一件商品将如何呢

假设你发现还有第 4 件商品可选——一部 iPhone！

iPhone
2000美元
1磅

此时需要重新执行前面所做的计算吗？不需要。别忘了，动态规划逐步计算最大价值。到目前为止，计算出的最大价值如下。

	1	2	3	4
吉他（G）	$1500 G	$1500 G	$1500 G	$1500 G
音响（S）	$1500 G	$1500 G	$1500 G	$3000 S
笔记本电脑（L）	$1500 G	$1500 G	$2000 L	$3500 LG

这意味着背包容量为 4 磅时，你最多可拿价值 3500 美元的商品。但这是以前的情况，下面再添加表示 iPhone 的行。

	1	2	3	4
吉他（G）	$1500 G	$1500 G	$1500 G	$1500 G
音响（S）	$1500 G	$1500 G	$1500 G	$3000 S
笔记本电脑（L）	$1500 G	$1500 G	$2000 L	$3500 LG
iPhone				

↖ 新答案

最大价值可能发生变化！请尝试填充这个新增的行，再接着往下读。

我们从第 1 个单元格开始。iPhone 可装入容量为 1 磅的背包。之前的最大价值为 1500 美元，但 iPhone 价值 2000 美元，因此该拿 iPhone 而不是吉他。

	1	2	3	4
吉他（G）	$1500 G	$1500 G	$1500 G	$1500 G
音响（S）	$1500 G	$1500 G	$1500 G	$3000 S
笔记本电脑（L）	$1500 G	$1500 G	$2000 L	$3500 LG
iPhone（1）	$2000 I			

在第 2 个单元格中，你可装入 iPhone 和吉他。

	1	2	3	4
	$1500 G	$1500 G	$1500 G	$1500 G
	$1500 G	$1500 G	$1500 G	$3000 S
	$1500 G	$1500 G	$2000 L	$3500 LG
	$2000 I	$3500 IG		

11

对于第 3 个单元格，也没有比装入 iPhone 和吉他更好的选择了。

对于最后一个单元格，情况比较有趣。当前的最大价值为 3500 美元，但你可拿 iPhone，这将余下 3 磅的容量。

3 磅容量的最大价值为 2000 美元！再加上 iPhone 价值 2000 美元，总价值为 4000 美元。新的最大价值诞生了！

最终的网格如下。

问题：沿着一列往下走时，最大价值有可能降低吗？

请找出这个问题的答案，再接着往下读。

答案：不可能。每次迭代时，你都存储当前的最大价值。最大价值不可能比以前低！

练习

11.1 假设你还可拿另外一件商品——机械键盘，它重 1 磅，价值 1000 美元。你要拿吗？

11.2.2　行的排列顺序发生变化时结果将如何

答案会随之变化吗？假设你按如下顺序填充各行：音响、笔记本电脑、吉他。网格将会是什么样的？请自己动手填充这个网格，再接着往下读。

网格将类似于下面这样。

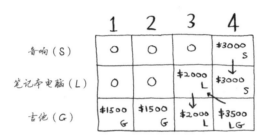

答案没有变化。也就是说，各行的排列顺序无关紧要。

11.2.3　可以逐列而不是逐行填充网格吗

自己动手试试吧！就这个问题而言，这没有任何影响，但对于其他问题，可能有影响。

11.2.4　增加一件更小的商品将如何呢

假设你还可以拿一条项链，它重 0.5 磅，价值 1000 美元。前面的网格都假设所有商品的重量为整数，但现在你决定拿项链，因此余下的容量为 3.5 磅。在 3.5 磅的容量中，可装入的商品的最大价值是多少呢？不知道！因为你只计算了容量为 1 磅、2 磅、3 磅和 4 磅的背包可装下的商品的最大价值。现在，你需要知道容量为 3.5 磅的背包可装下的商品的最大价值。

由于项链的加入，你需要考虑的粒度更细，因此必须调整网格。

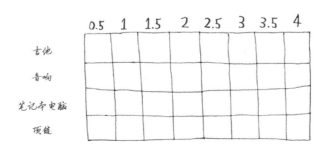

11.2.5　可以拿商品的一部分吗

假设这是在杂货店，你可拿成袋的扁豆和大米，但如果整袋装不下，可打开包装，再将背包倒满。在这种情况下，不再是要么拿要么不拿，而是可拿商品的一部分。如何使用动态规划来处理这种情形呢？

答案是没法处理。使用动态规划时，要么考虑拿走整件商品，要么考虑不拿，而没法判断该不该拿走商品的一部分。

但使用贪婪算法可轻松地处理这种情况！首先，尽可能多地拿价值最大的商品；如果拿光了，再尽可能多地拿价值第二大的商品，以此类推。

例如，假设有如下商品可供选择。

藜麦比其他商品都值钱，因此要尽量往背包中装藜麦！如果能够在背包中装满藜麦，结果就是最佳的。

如果藜麦装完后背包还没满，就接着装入下一种最值钱的商品，以此类推。

11.2.6　旅游行程最优化

假设你要去伦敦度假，假期两天，但你想去游览的地方很多。你没法前往每个地方游览，因此你列了个单子。

名胜	时间	评分
威斯敏斯特教堂	0.5天	7
环球剧场	0.5天	6
英国国家美术馆	1天	9
大英博物馆	2天	9
圣保罗大教堂	0.5天	8

对于想去游览的每个名胜，都列出所需的时间以及你有多想去看看。根据这个清单，你能确定该去游览哪些名胜吗？

这也是一个背包问题！但约束条件不是背包的容量，而是有限的时间；不是决定该装入哪些商品，而是决定该去游览哪些名胜。请根据这个清单绘制动态规划网格，再接着往下读。

网格类似于下面这样。

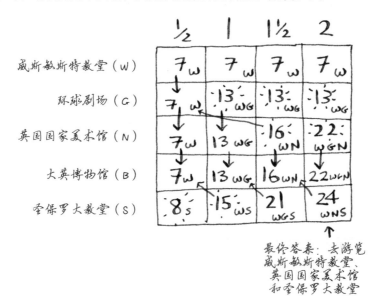

你画对了吗？请填充这个网格，决定该游览哪些名胜。答案如下。

11.2.7 处理相互依赖的情况

假设你还想去巴黎，因此在前述清单中又添加了几项。

埃菲尔铁塔	1.5天	8
卢浮宫	1.5天	9
巴黎圣母院	1.5天	7

去这些地方游览需要很长时间，因为你先得从伦敦前往巴黎，这需要半天时间。如果这 3 个地方都去玩，是不是要 4.5 天呢？

不是的，因为不是去每个地方都得先从伦敦到巴黎。到达巴黎后，每个地方都只需 1 天时间。因此游玩这 3 个地方需要的总时间为 3.5 天（半天从伦敦到巴黎，每个地方 1 天），而不是 4.5 天。

将埃菲尔铁塔加入"背包"后，卢浮宫将更"便宜"：只要 1 天时间，而不是 1.5 天。如何使用动态规划对这种情况建模呢？

没办法建模。动态规划功能强大，它能够解决子问题并使用这些答案来解决大问题。**但仅当每个子问题都是离散的，即不依赖于其他子问题时，动态规划才管用。**这意味着使用动态规划算法解决不了去巴黎玩的问题。

11.2.8　计算最终的解时会涉及两个以上的子背包吗

为获得前述背包问题的最优解，可能需要拿两件以上的商品。但根据动态规划算法的设计，最多只需合并两个子背包，即根本不会涉及两个以上的子背包。不过这些子背包可能又包含子背包。

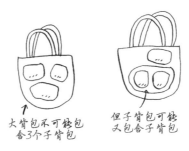

大背包不可能包
含 3 个子背包

但子背包可能
又包含子背包

11.2.9　最优解可能导致背包没装满吗

完全可能。假设你还可以拿一颗钻石。

这颗钻石非常大，重达 3.5 磅，价值 100 万美元，比其他商品都值钱得多。你绝对应该选它！但当你这样做时，余下的容量只有 0.5 磅，别的什么都装不下。

钻石
100 万美元
3.5 磅

练习

11.2　假设你要去野营。你有一个容量为 6 磅的背包，需要决定该携带下面的哪些东西。其中每样东西都有相应的价值，价值越大意味着越重要：

❑ 水（重 3 磅，价值 10）；

❑ 书（重 1 磅，价值 3）；
❑ 食物（重 2 磅，价值 9）；
❑ 夹克（重 2 磅，价值 5）；
❑ 相机（重 1 磅，价值 6）。

请问携带哪些东西时价值最大？

11.3 最长公共子串

通过前面的动态规划问题，你得到了哪些启示呢？

❑ 动态规划可帮助你在给定约束条件下找到最优解。在背包问题中，
你必须在背包容量给定的情况下，拿到价值最大的商品。
❑ 在问题可分解为彼此独立且离散的子问题时，就可使用动态规划来
解决。

要设计出动态规划解决方案可能很难，这正是本节要介绍的。下面是一些通用的小贴士。

❑ 将动态规划问题表示为网格通常很有帮助。
❑ 单元格中的值通常就是你要优化的值。在前面的背包问题中，单元格的值为商品的价值。
❑ 每个单元格都是一个子问题，因此你应考虑如何将问题划分为子问题，这有助于你找出
网格的坐标轴。

下面再来看一个例子。假设你管理着 dictionary 网站。用户在该
网站输入单词时，你需要给出其定义。

但如果用户拼错了，你必须猜测他原本要输入的是什么单词。
例如，Alex 想查单词 fish，但不小心输入了 hish。在你的字典中，
根本就没有这样的单词，但有几个类似的单词。

与 hish 类似的单词：

- fish

- vista

在这个例子中，只有两个类似的单词，真是太小儿科了。实际上，类似的单词很可能有数
千个。

Alex 输入了 hish，那他原本要输入的是 fish 还是 vista 呢？

11.3.1　绘制网格

用于解决这个问题的网格是什么样的呢？要确定这一点，你得回答如下问题。

- ❑ 单元格中的值是什么？
- ❑ 如何将这个问题划分为子问题？
- ❑ 网格的坐标轴是什么？

在动态规划中，你要将某个指标最大化。在这个例子中，你要找出两个单词的最长公共子串。hish 和 fish 都包含的最长子串是什么呢？hish 和 vista 呢？这就是你要计算的值。

别忘了，单元格中的值通常就是你要优化的值。在这个例子中，这很可能是一个数字：两个字符串都包含的最长子串的长度。

如何将这个问题划分为子问题呢？你可能需要比较子串：不是比较 hish 和 fish，而是先比较 his 和 fis。每个单元格都将包含这两个子串的最长公共子串的长度。这也给你提供了线索，让你觉得坐标轴很可能是这两个单词。因此，网格可能类似于下面这样。

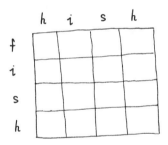

如果这在你看来犹如巫术，也不用担心。这些内容很难懂，但这也正是我到现在才介绍它们的原因。本章后面有一个练习，到时你可以自己动手来进行动态规划。

11.3.2　填充网格

现在，你很清楚网格应是什么样的。填充该网格的每个单元格时，该使用什么样的公式呢？由于你已经知道答案——hish 和 fish 的最长公共子串为 ish，因此可以作点弊。

即便如此，你还是不能确定该使用什么样的公式。计算机科学家有时会开玩笑说，那就使用**费曼算法**（Feynman algorithm）。这个算法是以著名物理学家理查德·费曼的姓氏命名的，其步骤如下。

(1) 将问题写下来。

(2) 好好思考。

(3) 将答案写下来。

计算机科学家真是一群不按常理出牌的人啊!

实际上,根本没有找出计算公式的简单办法,你必须通过尝试才能找出管用的公式。有些算法并非精确的解决步骤,而只是帮助你厘清思路的框架。

请尝试为这个问题找到计算单元格值的公式。给你一点提示吧:下面是这个单元格的一部分。

	h	i	s	h
f	0	0		
i				
s			2	0
h				3

其他单元格的值呢? 别忘了,每个单元格都是一个**子问题**的值。为何单元格(3, 3)的值为 2 呢? 又为何单元格(3, 4)的值为 0 呢?

请找出计算公式,再接着往下读。这样即便你没能找出正确的公式,后面的解释也将容易理解得多。

11.3.3　揭晓答案

最终的网格如下。

	f	i	s	h
f	0	0	0	0
i	0	1	0	0
s	0	0	2	0
h	0	0	0	3

我使用下面的公式来计算每个单元格的值。

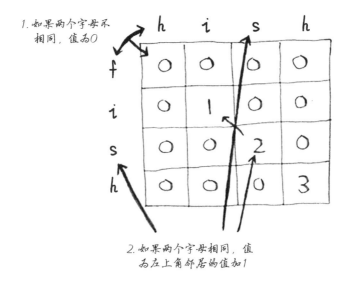

实现这个公式的伪代码类似于下面这样。

```
if word_a[i] == word_b[j]:          ⟵·········· 两个字母相同
  cell[i][j] = cell[i-1][j-1] + 1
else:                               ⟵·········· 两个字母不同
  cell[i][j] = 0
```

查找单词 hish 和 vista 的最长公共子串时，网格如下。

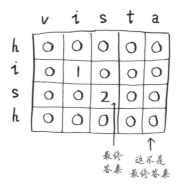

　　需要注意的一点是，这个问题的最终答案并不在最后一个单元格中！对于前面的背包问题，最终答案总是在最后的单元格中。但对于最长公共子串问题，答案为网格中最大的数字——它可能并不位于最后的单元格中。

我们回到最初的问题：哪个单词与 hish 更像？hish 和 fish 的最长公共子串包含三个字母，而 hish 和 vista 的最长公共子串包含两个字母。

因此 Alex 很可能原本要输入的是 fish。

11.3.4　最长公共子序列

假设 Alex 不小心输入了 fosh，他原本想输入的是 fish 还是 fort 呢？

我们使用最长公共子串公式来比较它们。

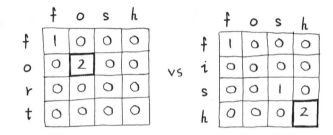

最长公共子串的长度相同，都包含两个字母！但 fosh 与 fish 更像。

最长公共子串的长度相同，都包含两个字母！但 fosh 与 fish 更像。

这里比较的是最长公共**子串**，但其实应比较最长公共**子序列**：两个单词中都有的序列包含的字母数。如何计算最长公共子序列呢？

下面是用于计算 fish 和 fosh 的最长公共子序列的网格的一部分。

你能找出填充这个网格时使用的公式吗？最长公共子序列与最长公共子串很像，计算公式也很像。请试着找出这个公式——答案稍后揭晓。

11.3.5 最长公共子序列之解决方案

最终的网格如下。

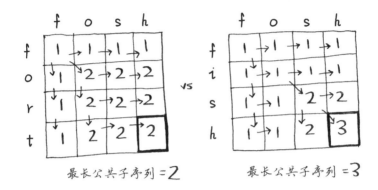

下面是填写各个单元格时使用的公式。

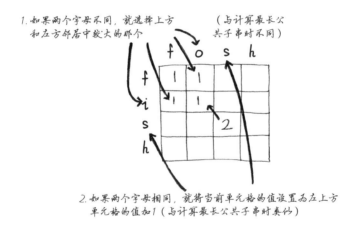

伪代码如下。

```
if word_a[i] == word_b[j]:        ◄············· 两个字母相同
  cell[i][j] = cell[i-1][j-1] + 1
else: ◄·················································· 两个字母不同
  cell[i][j] = max(cell[i-1][j], cell[i][j-1])
```

本章到这里就要结束了！它绝对是本书最难理解的一章。动态规划都有哪些实际应用呢？

❑ 生物学家根据最长公共序列来确定 DNA 链的相似性，进而判断两种动物或疾病有多相似。最长公共序列还被用来寻找多发性硬化症的治疗方案。

❑ 你使用过诸如 git diff 等命令吗？它们指出两个文件的差异，也是使用动态规划实现的。

❑ 前面讨论了字符串的相似程度。**编辑距离**（Levenshtein distance）指出了两个字符串的相似程度，也是使用动态规划计算得到的。编辑距离算法的用途很多，从拼写检查到判断用户上传的资料是不是盗版，都在其中。

练习

11.3 请绘制并填充用来计算 blue 和 clues 最长公共子串的网格。

11.4 小结

❑ 需要在给定约束条件下优化某种指标时，动态规划很有用。
❑ 问题可分解为离散子问题时，可使用动态规划来解决。
❑ 每种动态规划解决方案都涉及网格。
❑ 单元格中的值通常就是你要优化的值。
❑ 每个单元格都是一个子问题，因此你需要考虑如何将问题分解为子问题。
❑ 没有放之四海皆准的计算动态规划解决方案的公式。

11

K 最近邻算法

本章内容

☐ 学习使用 K 最近邻算法创建分类系统。

☐ 学习特征提取。

☐ 学习回归，即预测数值，如明天的股价或用户对某部电影的喜欢程度。

☐ 学习 K 最近邻算法的应用案例和局限性。

12.1　橙子还是柚子

请看右边的水果，是橙子还是柚子呢？我知道，柚子通常比橙子更大、更红。

我的思维过程类似于这样：我脑子里有个图表。

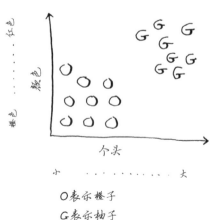

O 表示橙子

G 表示柚子

一般而言，柚子更大、更红。这个水果又大又红，因此很可能是柚子。但下面这样的水果呢？

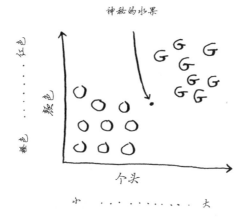

如何判断这个水果是橙子还是柚子呢？一种办法是看它的邻居。来看看离它最近的 3 个邻居。

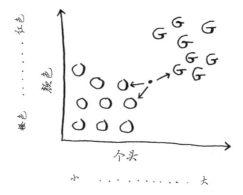

在这 3 个邻居中，橙子比柚子多，因此这个水果很可能是橙子。祝贺你，你刚才就是使用 K 最近邻（k-nearest neighbours，KNN）算法进行了**分类**! 这个算法非常简单。

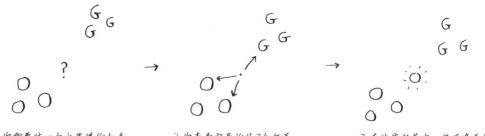

1. 你需要对一个水果进行分类　2. 你查看它最近的3个邻居　3. 在这些邻居中，橙子多于柚子，因此它很可能是橙子

12

KNN 算法虽然简单却很有用！要对东西进行分类时，可首先尝试这种算法。下面来看一个更真实的例子。

12.2 创建推荐系统

假设你是 Netflix，要为用户创建一个电影推荐系统。从本质上说，这类似于前面的水果问题！你可以将所有用户都放入一个图表中。

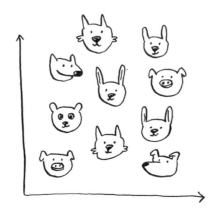

这些用户在图表中的位置取决于其喜好，因此喜好相似的用户距离较近。假设你要向 Priyanka 推荐电影，可以找出 5 位与他最接近的用户。

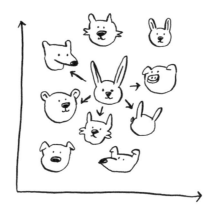

假设在对电影的喜好方面，Justin、JC、Joey、Lance 和 Chris 都与 Priyanka 差不多，因此他们喜欢的电影很可能 Priyanka 也喜欢！

有了这样的图表以后，创建推荐系统将易如反掌：只要是 Justin 喜欢的电影，就将其推荐给 Priyanka。

1. Justin看了一部电影　　2. 他很喜欢　　3. 将这部电影推荐
给Priyanka

但还有一个重要的问题没有解决。在前面的图表中，相似的用户相距较近，但如何确定两位用户的相似程度呢？

12.2.1　特征提取

在前面的水果示例中，你根据个头和颜色来比较水果，换言之，你比较的特征是个头和颜色。现在假设有 3 个水果，你可提取它们的特征。

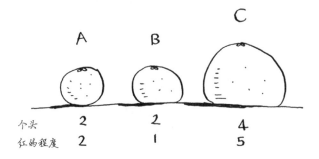

再根据这些特征绘图。

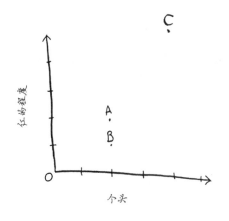

从上图可知，水果 A 和 B 比较像。下面来度量它们有多像。要计算两点之间的距离，可使用毕达哥拉斯公式（勾股定理）。

$$\sqrt{(X_1-X_2)^2 + (Y_1-Y_2)^2}$$

例如，A 和 B 之间的距离如下。

$$\sqrt{(2-2)^2 + (2-1)^2}$$

$$= \sqrt{0+1}$$

$$= \sqrt{1}$$

$$= 1$$

A 和 B 之间的距离为 1。你还可计算其他水果之间的距离。

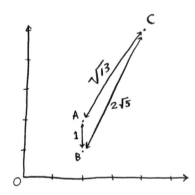

这个距离公式印证了你的直觉：A 和 B 很像。

假设你要比较的是 Netflix 用户，就需要以某种方式将他们放到图表中。因此，你需要将每位用户都转换为一组坐标，就像前面对水果所做的那样。

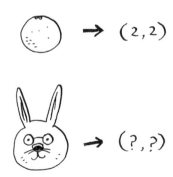

在将用户放入图表后，你就可以计算他们之间的距离了。

下面是一种将用户转换为一组数字的方式。用户注册时，要求他们指出对各种电影的喜欢程度。这样，对于每位用户，都将获得一组数字！

	Priyanka	Justin	Morpheus
喜剧片	3	4	2
动作片	4	3	5
生活片	4	5	1
恐怖片	1	1	3
爱情片	4	5	1

Priyanka 和 Justin 都喜欢爱情片且都讨厌恐怖片。Morpheus 喜欢动作片，但讨厌爱情片（他讨厌好好的动作电影毁于浪漫的桥段）。前面判断水果是橙子还是柚子时，每种水果都用 2 个数字表示，你还记得吗？在这里，每位用户都用 5 个数字表示。

$$\text{橙子} \rightarrow (2, 2)$$

$$\text{兔子} \rightarrow (3, 4, 4, 1, 4)$$

在数学家看来，这里计算的是五维（而不是二维）空间中的距离，但计算公式不变。

$$\sqrt{(a_1 - a_2)^2 + (b_1 - b_2)^2 + (c_1 - c_2)^2 + (d_1 - d_2)^2 + (e_1 - e_2)^2}$$

这个公式包含 5 个而不是 2 个数字。

这个距离公式很灵活，即便涉及很多个数字，依然可以使用它来计算距离。你可能会问，涉及 5 个数字时，距离意味着什么呢？这种距离指出了两组数字之间的相似程度。

12

$$\sqrt{(3-4)^2 + (4-3)^2 + (4-5)^2 + (1-1)^2 + (4-5)^2}$$

$$= \sqrt{1+1+1+0+1}$$

$$= \sqrt{4}$$

$$= 2$$

这是 Priyanka 和 Justin 之间的距离。

说　明

这里顺便介绍一个你经常会遇到的术语。前面使用了数字(2, 2)来表示柚子的个头和颜色，并使用了(3, 4, 4, 1, 4)来表示 Priyanka 对各种电影的喜欢程度，这些成组的数字被称为向量。在讨论机器学习的论文中，经常会说到向量，它们指的是类似于前面的成组的数字。

Priyanka 和 Justin 很像。Priyanka 和 Morpheus 的差别有多大呢？请计算他们之间的距离，再接着往下读。

Priyanka 和 Morpheus 之间的距离为 $\sqrt{24}$，你算对了吗？上述距离表明，Priyanka 的喜好更接近于 Justin 而不是 Morpheus。

太好了！现在要向 Priyanka 推荐电影将易如反掌：只要是 Justin 喜欢的电影，就将其推荐给 Priyanka，反之亦然。你这就创建了一个电影推荐系统！

如果你是 Netflix 用户，Netflix 将不断提醒你：多给电影评分吧，你评论的电影越多，给你的推荐就越准确。现在你明白了其中的原因：你评论的电影越多，Netflix 就越能准确地判断出你与哪些用户类似。

练习

12.1 在 Netflix 示例中，你使用距离公式计算两位用户之间的距离，但给电影打分时，每位用户的标准并不都相同。假设你有两位用户——Yogi 和 Pinky，他们欣赏电影的品味相同，但 Yogi 给喜欢的电影都打 5 分，而 Pinky 更挑剔，只给特别好的电影打 5 分。他们的品味一致，但根据距离算法，他们并非邻居。如何将这种评分方式的差异考虑进来呢？

12.2 假设 Netflix 指定了一组意见领袖。例如，Quentin Tarantino 和 Wes Anderson 是 Netflix 的意见领袖，因此他们的评分比普通用户更重要。请问你该如何修改推荐系统，使其偏重意见领袖的评分呢？

12.2.2　回归

假设你不仅要向 Priyanka 推荐电影，还要预测她将给这部电影打多少分。为此，先找出与她最近的 5 个人。

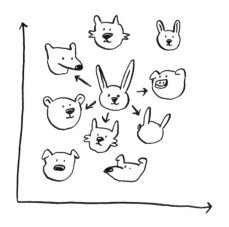

顺便说一句，我老说最近的 5 个人，其实并非一定要选择 5 个最近的邻居，也可选择 2 个、10 个或 10 000 个。这就是这种算法名为 K 最近邻而不是 5 最近邻的原因！

假设你要预测 Priyanka 会给电影 *Pitch Perfect* 打多少分。Justin、JC、Joey、Lance 和 Chris 都给它打了多少分呢？

$$
\begin{aligned}
\text{Justin} &: 5 \\
\text{JC} &: 4 \\
\text{Joey} &: 4 \\
\text{Lance} &: 5 \\
\text{Chris} &: 3
\end{aligned}
$$

你求这些人打的分的平均值，结果为 4.2。这就是**回归**（regression）。你将使用 KNN 来做两项基本工作——分类和回归：

❏ 分类就是编组；
❏ 回归就是预测结果（如一个数字）。

回归很有用。假设你在伯克利开了个小小的面包店，每天都做新鲜面包，需要根据如下一组特征预测当天该烤多少条面包：

❏ 天气指数 1~5（1 表示天气很糟，5 表示天气非常好）；
❏ 是不是周末或节假日（周末或节假日为 1，否则为 0）；
❏ 有没有活动（1 表示有，0 表示没有）。

你还有一些历史数据，记录了在各种不同的日子里售出的面包数量。

A. $(5, 1, 0) = 300$ 条 　 B. $(3, 1, 1) = 225$ 条

C. $(1, 1, 0) = 75$ 条 　 D. $(4, 0, 1) = 200$ 条

E. $(4, 0, 0) = 150$ 条 　 F. $(2, 0, 0) = 50$ 条

今天是周末，天气不错。根据这些数据，预测你今天能售出多少条面包呢？我们来使用 KNN 算法，其中的 k 为 4。首先，找出与今天最接近的 4 个邻居。

$$(4, 1, 0) = ?$$

距离如下，因此最近的邻居为 A、B、D 和 E。

A. 1 ←
B. 2 ←
C. 9
D. 2 ←
E. 1 ←
F. 5

将这些天售出的面包数平均，结果为 218.75。这就是你今天要烤的面包数！

余弦相似度

前面计算两位用户之间的距离时，使用的都是距离公式。还有更合适的公式吗？在实际工作中，经常使用**余弦相似度**（cosine similarity）。假设有两位品味类似的用户，但其中一位打分时更保守。他们都很喜欢 Manmohan Desai 的电影 *Amar Akbar Anthony*，但 Paul 给了 5 星，而 Rowan 只给了 4 星。如果你使用距离公式，这两位用户可能不是邻居，虽然他们的品味非常接近。

余弦相似度不计算两个向量之间的距离，而比较它们的角度，因此更适合处理前面所说的情况。本书不讨论余弦相似度，但如果你要使用 KNN，就一定要研究研究它！

12.2.3 挑选合适的特征

为推荐电影，你让用户指出他对各类电影的喜好程度。如果你是让用户给一系列小猫图片打分呢？在这种情况下，你找出的是对小猫图片的欣赏品味类似的用户。对电影推荐系统来说，这很可能是一个糟糕的推荐引擎，因为你选择的特征与电影欣赏品味没多大关系。

又假设你只让用户给《玩具总动员》《玩具总动员 2》和《玩具总动员 3》打分。这将难以让用户的电影欣赏品味显现出来！

使用 KNN 时，挑选合适的特征进行比较至关重要。所谓合适的特征，就是：

❏ 与要推荐的电影紧密相关的特征；

❏ 不偏不倚的特征（例如，只让用户给喜剧片打分，就无法判断他们是否喜欢动作片）。

你认为评分是不错的电影推荐指标吗？我给 *Inception* 的评分可能比 *Legally Blonde* 高，但实际上我观看 *Legally Blonde* 的时间更长。该如何改进 Netflix 的推荐系统呢？

回到面包店的例子：对于面包店，你能找出两个不错的特征和两个糟糕的特征吗？在报纸上打广告后，你可能需要烤制更多的面包；或者每周一你都需要烤制更多的面包。

在挑选合适的特征方面，没有放之四海皆准的法则，你必须考虑到各种需要考虑的因素。

练习

12.3 Netflix 的用户数以百万计，前面创建推荐系统时只考虑了 5 个最近的邻居，这是太多还是太少了呢？

12.3 机器学习简介

KNN 算法真的是很有用，堪称你进入神奇的机器学习领域的领路人！机器学习旨在让计算机更聪明。你见过一个机器学习的例子：创建推荐系统。下面再来看看其他一些例子。

12.3.1 OCR

OCR 指的是**光学字符识别**（optical character recognition），这意味着你可拍摄印刷页面的照片，计算机将自动识别出其中的文字。Google 使用 OCR 来实现图书数字化。OCR 是如何工作的呢？我们来看一个例子。请看下面的数字。

7

如何自动识别出这个数字是什么呢？可使用 KNN。

(1) 浏览大量的数字图像，将这些数字的特征提取出来。

(2) 遇到新图像时，你提取该图像的特征，再找出它最近的邻居都是谁！

这与前面判断水果是橙子还是柚子时一样。一般而言，OCR 算法提取线段、点和曲线等特征。

遇到新字符时，可从中提取同样的特征。

与前面的水果示例相比，OCR 中的特征提取要复杂得多，但再复杂的技术也是基于 KNN 等简单理念的。这些理念也可用于语音识别和人脸识别。你将照片上传到 Facebook 时，它有时候能够自动标出照片中的人物，这是机器学习在发挥作用！

OCR 的第一步是查看大量的数字图像并提取特征，这被称为**特征提取**（feature extraction）：将图像转换为机器学习算法能够处理的信息。下一步是**训练**（training），即使用特征对模型进行训练，使其能够识别用图像表示的数字。大多数机器学习算法包含训练的步骤：要让计算机完成任务，必须先训练它。下一个示例是垃圾邮件过滤器，其中也包含训练的步骤。

12.3.2　创建垃圾邮件过滤器

垃圾邮件过滤器使用一种简单算法——**朴素贝叶斯分类器**（naive Bayes classifier），你首先需要使用一些数据对这个分类器进行训练。

主题	是不是垃圾邮件
"RESET YOUR PASSWORD"	不是
"YOU HAVE WON 1 MILLION DOLLARS"	是
"SEND ME YOUR PASSWORD"	是
"HAPPY BIRTHDAY"	不是

12

假设你收到一封主题为 "collect your million dollars now!" 的邮件，这是垃圾邮件吗？你可研究这个句子中的每个单词，看看它在垃圾邮件中出现的概率是多少。例如，使用这个非常简单的模型时，发现只有单词 million 在垃圾邮件中出现过。朴素贝叶斯分类器能计算出邮件为垃圾邮件的概率，其应用领域与 KNN 相似。例如，你可使用朴素贝叶斯分类器来对水果进行分类：假设有一个又大又红的水果，它是柚子的概率是多少呢？朴素贝叶斯分类器也是一种简单而极其有效的算法。我们钟爱这样的算法！

12.3.3　预测股票市场

使用机器学习来预测股票市场的涨跌很难。对于股票市场，如何挑选合适的特征呢？股票昨天涨了，今天也会涨，这样的特征合适吗？又或者每年 5 月份股票市场都以绿盘报收，这样的预测可行吗？在根据以往的数据来预测未来方面，没有万无一失的方法。未来很难预测，由于涉及的变数太多，这几乎是不可能完成的任务。

12.4　机器学习模型训练概述

看了一些示例后，我们来看看训练机器学习模型的步骤。在前面有关 Netflix 的示例中，数据为用户给电影的评分。收集数据后，需要对其进行清洗。清洗指的是剔除不良数据，例如，有些用户可能不喜欢有人提醒他给电影评分，因此给电影随便打分然后进入下一个界面。对于这样的数据，你想要将其从数据集中剔除。清洗数据后，下一步是从数据中提取特征。

有了特征后，该对模型进行训练了。为此，你选择诸如 KNN、SVM、神经网络等模型，并使用 90% 的数据对模型进行训练，并留下 10% 的数据用于验证模型。训练模型后，将对其进行测试，这通过让它做预测来实现。可使用余下的 10% 的数据来测试模型所做的预测有多准确。

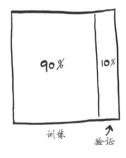

例如，要测试 Netflix 推荐模型，可让它预测 Priyanka 有多喜欢下面这些电影。

模型给出的预测如下。

我们知道 Priyanka 喜欢其中的哪些电影——这些信息包含在我们留下的 10%的数据中，因此可将实际数据同模型的预测结果进行比较。

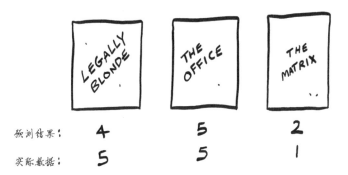

从上图可知，预测结果与 Priyanka 的实际评分相当接近，因此可以说模型所做的预测很准确。这个测试模型的步骤被称为模型验证或评估。

12

对模型进行评估后，可能需要回过头去对其进行调整。例如，假设我们创建了一个参数 K 为 5 的 KNN 模型，可能想尝试将参数 K 调整为 7，并看看模型提供的结果是否更佳。这被称为**参数调整**（parameter tuning）。

经过训练和评估后，模型便准备就绪了。这些就是创建机器学习模型的大致步骤。

12.5　小结

但愿通过阅读本章，你对 KNN 和机器学习的各种用途有了大致的认识！机器学习是个很有趣的领域，只要下定决心，你就能很深入地了解它。

❑ KNN 用于分类和回归，需要考虑最近的邻居。

❑ 分类就是编组。

❑ 回归就是预测结果（如数字）。

❑ 特征提取意味着将物品（如水果或用户）转换为一系列可比较的数字。

❑ 能否挑选合适的特征事关 KNN 算法的成败。

特征提取

第 13 章

接下来如何做

本章内容

☐ 概述本书未介绍的 10 种算法以及它们很有用的原因。

☐ 如何根据兴趣选择接下来要阅读的内容。

13.1 线性回归

假设你要卖房子，其面积为 3000 平方英尺[①]。你查看小区内最近售出的房子。

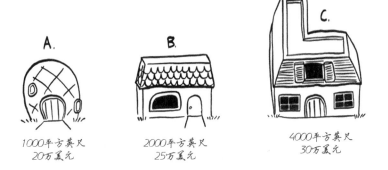

根据这些信息，你准备给房子报价多少呢？下面是一种确定报价的方式。首先，在图表上绘制所有的点（横轴为面积，纵轴为价格）。

---

① 1 平方英尺 ≈ 0.09 平方米。——编者注

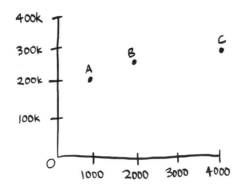

再通过目测绘制一条大致穿过这些点的直线。

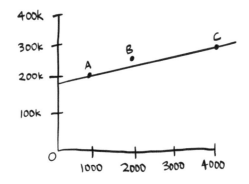

现在在这条直线上找到与 3000 平方英尺对应的点，它指出了较为准确的初始报价。

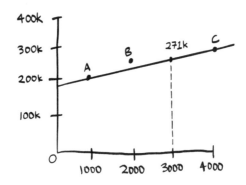

这就是线性回归的工作原理：根据一系列点拟合出一条直线，再根据这条直线来做出预测。

在统计学领域，一直在使用线性回归，现在它被广泛用于机器学习领域，因为这种技术易于使用，是机器学习从业者首先会去尝试的。如果值是连续的，线性回归很有用；如果要做预测，首先尝试使用线性回归是不错的选择。

13.2 反向索引

这里非常简单地说说搜索引擎的工作原理。假设你有 3 个网页，内容如下。

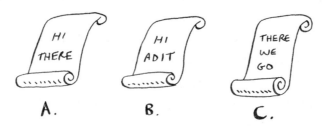

我们根据这些内容创建一个哈希表。

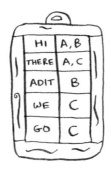

这个哈希表的键为单词，值为包含指定单词的页面。现在假设有用户搜索 HI，在这种情况下，搜索引擎需要检查哪些页面包含 HI。

搜索引擎发现页面 A 和 B 包含 HI，因此将这些页面作为搜索结果呈现给用户。现在假设用户搜索 THERE。你知道，页面 A 和 C 包含它。非常简单，不是吗？这是一种很有用的数据结构：一个哈希表，将单词映射到包含它的页面。这种数据结构被称为**反向索引**（inverted index），常用于创建搜索引擎。如果你对搜索感兴趣，从反向索引着手研究是不错的选择。

13.3 傅里叶变换

绝妙、优雅且应用广泛的算法少之又少，傅里叶变换算是一个。Better Explained 是一个杰出的网站，致力于以通俗易懂的语言阐释数学，它就傅里叶变换做了一个绝佳的比喻：给它一杯冰沙，它能告诉你其中包含哪些成分[1]。换言之，给定一首歌曲，傅里叶变换能够将其中的各种频率分离出来。

这种理念虽然简单，应用却极其广泛。例如，如果能够将歌曲分解为不同的频率，就可强化你关心的部分，如强化低音并隐藏高音。傅里叶变换非常适合用于处理信号，可使用它来压缩音乐。为此，首先需要将音频文件分解为音符。傅里叶变换能够准确地指出各个音符对整首歌曲的贡献，让你能够将不重要的音符删除。这就是 MP3 格式的工作原理！

数字信号并非只有音乐一种类型。JPG 也是一种压缩格式，也采用了刚才说的工作原理。傅里叶变换还被用来做地震预测和 DNA 分析。使用傅里叶变换可创建类似于 Shazam 这样的音乐识别软件。傅里叶变换的用途极其广泛，你遇到它的可能性极大！

13.4   并行算法

接下来的 3 个主题都与可扩展性和海量数据处理相关。我们身处于处理器速度越来越快的时代，如果你要提高算法的速度，可等上几个月，届时计算机本身的速度将更快。但这个时代似乎已接近尾声，因此笔记本电脑和台式机转而采用多核处理器。为提高算法的速度，你需要让它们能够在多个内核中并行地执行！

来看一个简单的例子。在最佳情况下，排序算法的速度大致为 $O(n \log n)$。众所周知，对数组进行排序时，除非使用并行算法，否则运行时间不可能为 $O(n)$！对数组进行排序时，快速排序的并行版本所需的时间为 $O(n)$。

并行算法设计起来很难，要确保它们能够正确地工作并实现期望的速度提升也很难。有一点是确定的，那就是速度的提升并非线性的，因此即便你的笔记本电脑装备了 2 个而不是 1 个内核，算法的速度也不可能提高一倍，其中的原因如下。

❑ **并行性管理开销**。假设你要对一个包含 1000 个元素的数组进行排序，如何在 2 个内核之间分配这项任务呢？如果让每个内核对其中 500 个元素进行排序，再将 2 个排好序的数组合并成一个有序数组，那么合并也是需要时间的。

❑ **阿姆达尔定律**。假设你要作画。作画需要很长时间，通常是 20 小时，但你想要在 10 小时内完成，因此决定对作画过程进行优化。你将作画过程分成两步：勾线和涂色。你没有手工勾线，而采取了速度更快的描摹，但完成整幅画作依然花费了 19 小时零 5 分钟。为何会这样呢？勾线通常需要 1 小时，而你将其缩短到了 5 分钟，这无疑是很大的改进。但大部分时间花在涂色上，而你根本没有对这一步进行优化。

---

① 摘自 Kalid 发表在 Better Explained 上的文章 "An Interactive Guide to the Fourier Transform"。

这就是阿姆达尔定律。阿姆达尔定律指出，对系统的某个部分进行优化时，性能的改善程度受制于这部分原来需要多少时间。在这里，你将勾线时间缩短到了原来的 1/12，节省了 55 分钟的时间。如果能够将涂色时间也缩短到 1/12，总共将节省 1045 分钟！通过并行化提高算法的速度时，务必考虑应并行化哪部分。换而言之，你并行化的是涂色部分还是勾线部分？

❏ **负载均衡**。假设你需要完成 10 个任务，因此你给每个内核都分配 5 个任务。但分配给内核 A 的任务都很容易，10 秒钟就完成了，而分配给内核 B 的任务都很难，1 分钟才完成。这意味着有那么 50 秒，内核 B 在忙死忙活，而内核 A 却闲得很！你如何均匀地分配任务，让 2 个内核都一样忙呢？

要改善性能和可扩展性，并行算法可能是不错的选择！

13.5　映射/归并

有一种特殊的并行算法正越来越流行，它就是**分布式算法**。在并行算法只需 2 到 4 个内核时，完全可以在笔记本电脑上运行它，但如果需要数百个内核呢？在这种情况下，可让算法在多台计算机上运行。在 Google 的推动下，一种名为 MapReduce 的分布式算法得以风行，但相关的函数在很久前就已面世。

假设你有一个数据库表，包含数十亿乃至数万亿行，需要对其执行复杂的 SQL 查询。在这种情况下，你不能使用 MySQL，因为数据表的行数超过数十亿后，它处理起来将很吃力。相反，你需要使用映射/归并！

又假设你需要处理一个很长的清单，其中包含 100 万个职位，而每个职位处理起来需要 10 秒。如果使用一台计算机来处理，将耗时数月！如果使用 100 台计算机来处理，可能几天就能完工。

分布式算法非常适合用于在短时间内完成海量工作。

13.6　布隆过滤器和 HyperLogLog

假设你管理着 Reddit 网站。每当有人发布链接时，你都要检查它以前是否发布过，因为之前未发布过的故事更有价值。

又假设你在 Google 负责搜集网页，但只想搜集新出现的网页，因此需要判断网页是否搜集过。

再假设你管理着提供网址缩短服务的 Bitly，要避免将用户重定向到恶意网站。你有一个清单，其中记录了恶意网站的 URL。你需要确定要将用户重定向到的 URL 是否在这个清单中。

这些都是同一类型的问题，涉及庞大的集合。

13

给定一个元素，你需要判断它是否包含在这个集合中。为快速做出这种判断，可使用哈希表。例如，Google 可能有一个庞大的哈希表，其中的键是已搜集的网页。

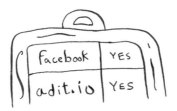

要判断是否已搜集 adit.io，可在这个哈希表中查找它。

$$adit.io \longrightarrow YES$$

adit.io 是这个哈希表中的一个键，这说明已搜集它。哈希表的平均查找时间为 $O(1)$，即查找时间是固定的，非常好！

只是 Google 需要建立数万亿个网页的索引，因此这个哈希表非常大，需要占用大量的存储空间。Reddit 和 Bitly 也面临着这样的问题。面临海量数据，你需要创造性的解决方案！

13.6.1 布隆过滤器

布隆过滤器提供了解决之道。布隆过滤器是一种**概率型数据结构**，它提供的答案有可能不对，但很可能是正确的。为判断网页以前是否已搜集，可不使用哈希表，而使用布隆过滤器。使用哈希表时，答案绝对可靠，而使用布隆过滤器时，答案却很可能是正确的。

❑ 可能出现错报的情况，即 Google 可能指出"这个网站已搜集"，但实际上并没有搜集。

❑ 不可能出现漏报的情况，即如果布隆过滤器说"这个网站未搜集"，就肯定未搜集。

布隆过滤器的优点在于占用的存储空间很少。使用哈希表时，必须存储 Google 搜集过的所有 URL，但使用布隆过滤器时不用这样做。布隆过滤器非常适合用于不要求答案绝对准确的情况，前面所有的示例都是这样的。对 Bitly 而言，这样说完全可行："我们认为这个网站可能是恶意的，请备加小心。"

13.6.2 HyperLogLog

HyperLogLog 是一种类似于布隆过滤器的算法。如果 Google 要计算用户执行的不同搜索的数量，或者 Amazon 要计算当天用户浏览的不同商品的数量，要回答这些问题，需要耗用大量的空间！对 Google 来说，必须有一个日志，其中包含用户执行的不同搜索。有用户执行搜索时，Google 必须判断该搜索是否包含在日志中：如果答案是否定的，就必须将其加入日志。即便只记录一天的搜索，这种日志也大得不得了！

HyperLogLog 近似地计算集合中不同的元素数，与布隆过滤器一样，它不能给出准确的答案，但也八九不离十，而占用的内存空间却少得多。

面临海量数据且只要求答案八九不离十时，可考虑使用概率型算法！

13.7 HTTPS 和迪菲-赫尔曼密钥交换算法

HTTPS 是互联网的支柱，让用户能够安全地开展线上事务——从输入密码到在线购物。HTTPS 对客户端和服务器之间传输的消息进行加密，具体的加密过程如下：你将消息和密钥交给一个函数，后者将生成加密的消息。

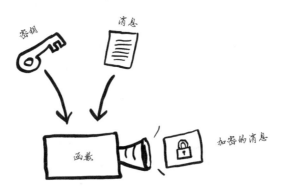

为解密消息，将经过加密的消息和用于加密的密钥交给一个函数，后者将返回原始消息。

13

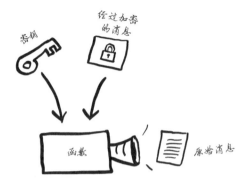

用户向服务器发送数据时，浏览器将对其进行加密，而服务器进行解密。很简单，不是吗？但问题是，如何确保浏览器和服务器有相同的密钥？

HTTPS 要正常运行，参与通信的双方必须有相同的密钥。然而，如何在协商密钥的过程中确保它不会被人得知呢？如果你向服务器发送要使用的密钥，密钥可能被人截获。如何协商出一个密钥，并确保只有服务器和用户的浏览器知道呢？这像是一项不可能完成的任务，但实际上是能够做到的。有一种非常巧妙的算法能够完成这项任务，它就是**迪菲-赫尔曼**（Diffie-Hellman）密钥交换算法，其工作原理如下。

首先，双方都生成自己的密钥，即客户端生成自己的密钥，服务器也生成一个密钥。这两个密钥是不同的，双方都不知道对方的密钥。换句话说，这种密钥为私钥。

这里使用图案来表示密钥，旨在以可视化方式说明密钥交换过程。实际上，这些密钥是由字节组成的。

接下来，双方生成一个**通用图案**（common pattern）。

这个通用图案是公开的，通信双方以及其他任何人都知道。换句话说，通信双方不在乎有人知道这个通用图案。

然后，通信双方各自将这个通用图案与自己的私钥叠加起来。

这将得到公钥。公钥是公开的，通信双方不在乎有人知道它。服务器知道客户端的公钥，而客户端也知道服务器的公钥。

最后，客户端将服务器的公钥与自己的私钥叠加，而服务器将客户端的公钥与自己的私钥叠加。

这样，通信双方将得到相同的密钥。换而言之，通信双方都将得到一个由 3 个图案合并而成的密钥。

通过这样做，双方协商出了一个相同的密钥，同时没有向对方发送这个密钥。协商出来的密钥被称为共享密钥。这就是迪菲-赫尔曼密钥交换算法的工作原理。

共享密钥
这两个因素是一样的

HTTPS 是我们日常生活中迷人而又重要的组成部分。你可能遇到如下与 HTTPS 相关的术语。

❑ TLS。TLS（transport layer security，传输层安全）是一种协议，就如何建立安全连接做出了规定。

❑ SSL。SSL 是 TLS 的前身，但大家常常不对它们加以区分。当你听到有人谈及 SSL 时，他说的实际上很可能是 TLS。一直有人试图找出这些协议存在的安全漏洞，因此这些协议需要不断更新。TLS 协议是 1999 年推出的，它之前的 SSL 协议的每个版本都被破解了。

❑ 对称密钥加密。在这里的示例中，双方使用的是同一个密钥，但还有另一种加密方式——非对称密钥加密，即双方使用不同的密钥。这里之所以讨论对称密钥加密，是因为 HTTPS 使用的就是这种加密方式。

HTTPS 使用改进版的迪菲-赫尔曼密钥交换算法——临时迪菲-赫尔曼密钥交换算法，这个版本的工作原理与前面介绍的一样，但每次建立连接时都生成不同的密钥。这意味着即便攻击者破解了一个密钥，也只能解密通过相应连接发送的消息。

密码学是一个深奥而有趣的话题，如果想对其有更深入的了解，强烈推荐你阅读 Manning 出版社出版的另一部著作：戴维·王撰写的《深入浅出密码学》。

13.8 局部敏感的哈希算法

你将使用的很多哈希函数是局部不敏感的。假设你有一个字符串，并使用 SHA-256 计算了其哈希值。

$$dog \rightarrow cd6357$$

如果你修改其中的一个字符，再计算哈希值，结果将截然不同！

$$dot \rightarrow e392da$$

这很好，让攻击者无法通过比较哈希值是否类似来破解密码。

有时候，你希望结果相反，即希望哈希函数是局部敏感的。在这种情况下，可使用 Simhash。如果你对字符串做细微的修改，Simhash 生成的哈希值也只存在细微的差别。这让你能够通过比较哈希值来判断两个字符串的相似程度，这很有用！

❑ Google 使用 Simhash 来判断网页是否已搜集。
❑ 老师可以使用 Simhash 来判断学生的论文是不是从网上抄的。
❑ Scribd 允许用户上传文档或图书，以便与人分享，但不希望用户上传有版权的内容！这个网站可使用 Simhash 来检查上传的内容是否与小说《哈利·波特》类似，如果类似，就自动拒绝。

需要检查两项内容的相似程度时，Simhash 很有用。

13.9 最小堆和优先级队列

最小堆（min heap）是一种基于树的数据结构，其中存储了一系列的数字，如下所示。

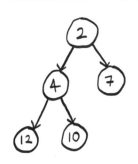

最小堆让你能够快速获取堆中最小的数字，因为最小的数字总是在根节点。这是最小堆的主要用途。要找到最小的数字，所需的时间为 $O(1)$。

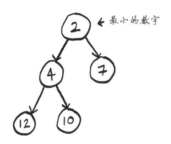

要删除最小的数字，并让下一个最小的数字成为根节点，所需的时间为 $O(\log n)$。

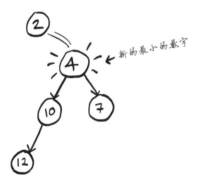

使用堆可非常轻松地完成排序任务。为此，可不断地从堆中获取最小的数字。

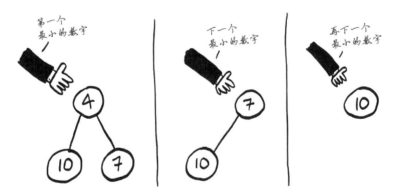

按顺序将这些数字加入列表。最终，堆将变成空的，并得到一个有序的数字列表。这种算法被称为**堆排序**（heapsort）。

最大堆很像最小堆，只是根节点包含的是最大的数字。

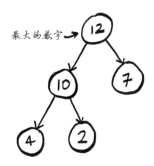

堆非常适合用来实现优先级队列。队列这种数据结构在第 6 章中介绍过，它是一种先进先出的数据结构（相反，栈是一种后进先出的数据结构）。优先级队列类似于队列，只是对其执行出队操作时，返回的是优先级最高的元素。优先级队列非常适合用于创建待办事项清单应用程序；使用这种应用程序时，你首先添加待办事项，再获取待办事项，此时优先级队列将返回优先级最高的待办事项。优先级队列还可用于实现高效版的迪杰斯特拉算法。

13.10　线性规划

最好的东西留到最后介绍。线性规划是我知道的最酷的算法之一。

线性规划用于在给定约束条件下最大限度地改善指定的指标。例如，假设你所在的公司生产两种产品：衬衫和手提袋。衬衫每件利润 2 美元，需要消耗 1 米布料和 5 粒扣子；手提袋每个利润 3 美元，需要消耗 2 米布料和 2 粒扣子。你有 11 米布料和 20 粒扣子，为最大限度地提高利润，该生产多少件衬衫、多少个手提袋呢？

在这个例子中，目标是利润最大化，而约束条件是拥有的原材料数量。

再举一个例子。你是个政客，要尽可能多地获得支持票。你经过研究发现，平均而言，对于每张支持票，在旧金山需要付出 1 小时的劳动（宣传、研究等）和 2 美元的开销，而在芝加哥需要付出 1.5 小时的劳动和 1 美元的开销。在旧金山和芝加哥，你至少需要分别获得 500 和 300 张支持票。你有 50 天的时间，总预算为 1500 美元。请问你最多可从这两个地方获得多少支持票？

这里的目标是支持票数最大化，而约束条件是时间和预算。

你可能在想，本书花了很大的篇幅讨论最优化，这与线性规划有何关系？本书讨论的所有图算法都可使用线性规划来实现。线性规划是一个宽泛得多的框架，本书讨论的图问题只是其中的一个子集。但愿你听到这一点后心潮澎湃！

线性规划使用 Simplex 算法，这个算法很复杂，因此本书没有介绍。如果你对最优化感兴趣，就研究研究线性规划吧！

13

13.11　结语

本章简要地介绍了 10 个算法，唯愿这让你知道还有很多地方等待你去探索。在我看来，最佳的学习方式是找到感兴趣的主题，然后一头扎进去，而本书便为你这样做打下了坚实的基础。

附录 A

AVL 树的性能

第 8 章简要地介绍了 AVL 树，本附录讨论其性能。请先阅读第 8 章，再阅读本附录。

第 8 章说过，AVL 树的查找性能为 $O(\log n)$，但这种说法存在误导的成分。请看下面的两棵树，它们的查找性能都是 $O(\log n)$，但高度不同（虚线表示的节点指出了树中未被填充的位置）。

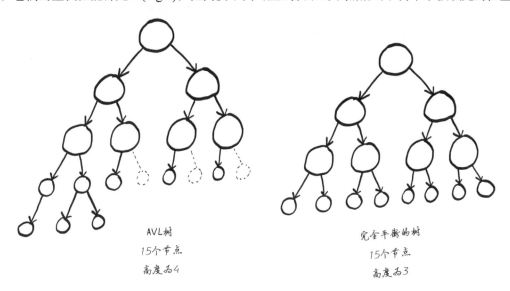

AVL树
15个节点
高度为4

完全平衡的树
15个节点
高度为3

这两棵树都包含 15 个节点，但完全平衡树的高度为 3，而 AVL 树的高度为 4，这是因为 AVL 树允许子树的高度相差 1。你可能认为，平衡树就是完全平衡的树：只有完全填满一层后，才新增一层。但 AVL 树也被认为是"平衡的"，虽然其中存在空洞：原本可以放置节点，但实际上并未放置。

第 8 章说过，树的性能与其高度关系紧密，既然如此，高度不同的树的性能怎么可能相同呢？原因是没有考虑 $\log n$ 的底！

完全平衡树的查找性能为 $O(\log n)$，其中的 log 指的是以 2 为底的对数，与二分查找中一样。这可通过图示来说明。在完全平衡树中，每新增一层都将导致节点数翻倍再加 1，因此，高度为 1 的完全平衡树包含 3 个节点，高度为 2 时包含 7（$3 \times 2 + 1$）个节点，而高度为 3 时包含 15（$7 \times 2 + 1$）个节点，以此类推。也可以这样认为，即每层的节点数都为 2 的幂。

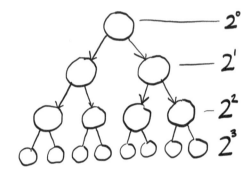

因此，完全平衡树的查找性能为 $O(\log n)$，其中 log 指的是以 2 为底的对数。

AVL 树中有空洞，因此在 AVL 树中新增一层时，增加的节点数不会达到前一层的两倍。实际上，AVL 树的查找性能也是 $O(\log n)$，但其中的 log 指的是以 phi（也就是黄金分割比值，即大约 1.618）为底的对数。

这种差别很小但有趣：由于底不同，因此 AVL 树的查找性能并没有完全平衡树那么高。但这两种树的查找性能非常接近，毕竟它们的查找性能都是 $O(\log n)$——只是并不完全相同。

NP-hard 问题

集合覆盖问题和旅行商问题有个共同之处，那就是它们都很难解决：为找出最小集合覆盖或最短路径，必须检查每种组合。

这两个问题都是 NP-hard 问题。术语 NP、NP-hard 和 **NP 完全**（NP-complete）可能令人迷惑，这些术语当然也曾经让我迷惑过，因此本附录将尝试阐述这些术语，但在此之前，需要先解释一些其他的概念。下面的路线图说明了这里将介绍的概念以及它们之间的依赖关系。

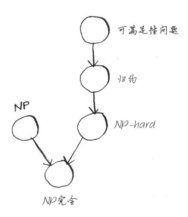

但在此之前，需要说明什么是**决策问题**（decision problem），因为本附录将介绍的所有问题都是决策问题。

B.1 决策问题

NP 完全问题都是决策问题。决策问题的答案为肯定或否定，旅行商问题不是决策问题，它要求找出最短路径，因此属于优化问题。

> **说 明**
>
> 本书前面介绍了 NP-hard 问题，这里要介绍的是 NP 完全问题，稍后将说明它们的不同之处。

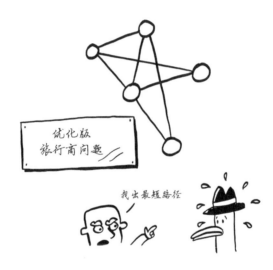

下面是决策版旅行商问题。

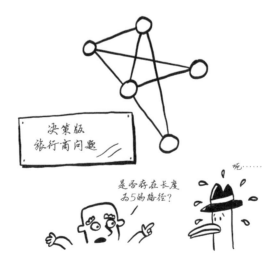

请注意，这个问题（是否有长度为 5 的路径）的答案为肯定或否定。为何要先讨论决策问题呢？因为所有的 NP 完全问题都是决策问题。本附录后面讨论的所有问题都是决策问题，换而言之，后面提到旅行商问题时，指的是决策版的旅行商问题。

下面来着手说明 NP 完全的实际含义，为此先来说说**可满足性**（satisfiability，SAT）问题。

B.2 可满足性问题

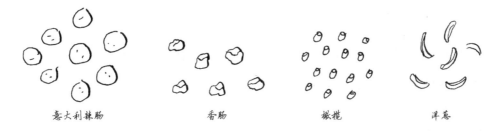

意大利辣肠　　　　　香肠　　　　　橄榄　　　　　洋葱

Jerry、George 和 Elaine 和 Kramer 一起点比萨。

Elaine 说，"咱们点意大利辣肠的吧。"

Jerry 说，"意大利辣肠不错，香肠也不错，咱们点意大利辣肠或香肠的吧。"

Kramer 说，"我想吃橄榄比萨，对皮肤好；多加橄榄或洋葱。"

George 说，"我什么的都成，只要不是洋葱的，我再也不吃洋葱的了。"

Jerry 说，"好的，我来看看需要加什么配料。"

你能帮他确定加什么配料合适吗？每个人的要求如下。

❑ 意大利辣肠（Elaine）。
❑ 意大利辣肠或香肠（Jerry）。
❑ 橄榄或洋葱（Kramer）。
❑ 不要洋葱（George）。

请尝试确定该加哪些配料，再接着往下阅读。

你确定好了吗？加配料意大利辣肠和橄榄可满足所有人的要求。这就是一个 SAT 问题，可使用伪代码来表示它。为此，首先找出相关的 4 个布尔变量。

```
pepperoni = ?
sausage = ?
olives = ?
onions = ?
```

再编写一个布尔表达式。

```
(pepperoni) and (pepperoni or sausage) and (olives or
onions) and (not onions)
```

这个表达式使用布尔逻辑指出了所有人的要求。相应的 SAT 问题如下：可通过设置这些变量的值，让这个表达式的结果为 true 吗？

SAT 问题很有名，是最先被提出的 NP 完全问题（提出时间为 1971 年，但提出者没有像这里这样拿《宋飞正传》举例），在此之前，根本就没有 NP 完全问题这样的概念。要提出 SAT 问题，首先编写一个布尔表达式。

```
if (pepperoni) and (olives or onions):
    print("pizza")
```

再这样问：有办法通过给这些变量赋值，让上述代码打印 pizza 吗？

这里的问题非常简单，我们就能解决：如果 pepperoni 和 onions 为 true，上述代码将打印 pizza。因此，对于这个问题，答案是肯定的。

下面是一个答案为否定的 SAT 问题。

```
if (olives or onions) and (not olives) and (not onions):
    print("pizza")
```

根本没有办法通过设置这些变量，让上述代码打印 pizza。

SAT 问题的答案都是肯定或否定的，因此属于决策问题。

实际上，SAT 问题很难解决。下面列出了一个解决起来更棘手的问题，旨在让你知道 SAT 问题解决起来有多难。

```
if (pepperoni or not olives) and (onions or not pepperoni) and (not olives or not
pepperoni):
    print("pizza")
```

你不用解决这个问题，这里列举它旨在让你知道 SAT 能够难到什么程度：变量和子表达式的数量不受限制，随着它们越来越多，问题很快将变得非常难以解决。

涉及 n 种比萨配料时，有 2^n 种可能的组合。如果将所有组合都列出来，并检查每种组合的结果，便可得到一个真值表。下面是 pepperoni and (olives or onions) 的真值表。

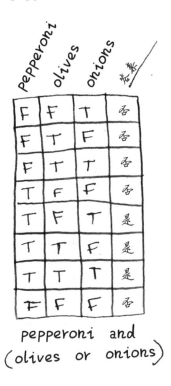

pepperoni and
(olives or onions)

有时候，需要列出每种组合，就像解决集合覆盖问题和旅行商问题时所做的那样。实际上，SAT 问题解决起来与这两个问题一样难，其解决方案所需的运行时间为 $O(2^n)$。

B.3 难以解决而易于验证

我们经常会遇到找到答案比验证答案难得多的问题。假设我要求你想出一个包含单词 cat 和 car 的回文句子（从前往后读与从后往前读是一样的），你需要多久才能想出这样的句子呢？

现在假设我将一个这样的句子告诉你——Was it a car or a cat I saw，你需要多长时间来验证它是正确的呢？

相比于想出这样的句子，验证这样的句子所需的时间要少得多。换而言之，验证答案并解决问题更快。

SAT 问题解决起来与集合覆盖问题和旅行商问题一样难，但不同于这些问题，验证 SAT 问题的答案很容易。例如，对于前面给出的问题——(pepperoni or not olives) and (onions or not pepperoni) and (not olives or not pepperoni)，其答案如下。

```
pepperoni = False
olives = False
onions = False
```

这些值让上述布尔表达式的结果为 true，很容易验证这一点。换而言之，验证这个问题的答案比解决这个问题更容易。

SAT 问题的答案易于验证，因此属于 NP 问题。

NP 问题指的是可在多项式时间内验证其答案的问题。NP 问题可能易于解决，也可能难以解决，但其答案易于验证。

P 问题可在多项式时间内解决，且其答案可在多项式时间内验证。

使用大 O 表示法时，多项式时间指的是不长于多项式的时间。这里不对多项式进行定义，下面给出了两个多项式示例。

$$n^3 \qquad n^2 + n$$

下面两个不是多项式。

$$n! \qquad 2^n$$

P 问题是 NP 问题的子集，因此 NP 包含所有的 P 问题，同时包含一些其他的问题。

P 和 NP 是否相等

你可能听说过 P 和 NP 是否相等这个著名的问题。刚才说过，P 问题解决和验证起来都很容易，而 NP 问题的答案验证起来很容易，但解决起来可能很容易，也可能不容易。P 和 NP 是否相等这个问题相当于说，每个易于验证的问题是否也易于解决；如果是这样的，那么 P 就不是 NP 的子集，而是等于 NP。

下面来定义术语 NP-hard，但在此之前，需要先简要地讨论什么是**归约**（reduction）。

B.4 归约

面对难题时，你会如何办呢？将其转换为你能够解决的问题。在现实生活中，将难题进行转换的做法极其常见。

下面来看一个这样的例子。如何将两个二进制数相乘呢？请尝试计算下面两个二进制数的乘积：

```
101 * 110
```

如果你像我一样，就不会尝试去搞清楚如何执行二进制数乘法运算，而会先计算这两个二进制数对应的十进制数（分别是 5 和 6），再计算 5 和 6 相乘的结果。

这被称为归约：将不知道如何解决的问题转换为知道如何解决的问题。在计算机科学领域，这样的做法无处不在。

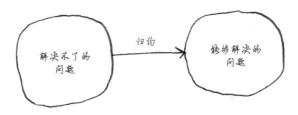

B.5　NP-hard

前面介绍了 3 个 NP-hard 问题（请注意，这里说的是这些问题的决策版——本附录介绍的所有问题都是决策问题）。

- 集合覆盖问题。
- 旅行商问题。
- SAT 问题。

这 3 个问题都是 NP-hard 问题。一个问题满足如下条件时，就说这个问题为 NP-hard 问题：任何 NP 问题都归约为这个问题。这就是 NP-hard 的定义。

另外，所有 NP 问题都可归约为 NP-hard 问题，例如，可将所有的 NP 问题归约为 SAT 问题。

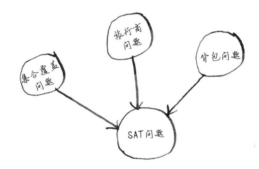

一个额外的要求是，归约过程可在多项式时间内完成。这一点很重要，因为你不希望归约过程成为瓶颈。任何 NP 问题都可在多项式时间内归约为 SAT 问题，因此 SAT 问题也是 NP-hard 问题。

由于任何 NP 问题都可归约为 NP-hard 问题，因此如果能够在多项式时间内解决任何一个 NP-hard 问题，就可在多项式时间内解决所有的 NP 问题。

B.6　NP 完全

前面介绍了两个定义。

- NP 问题的答案易于验证，但可能易于解决，也可能难以解决。
- NP-hard 问题至少不比最难的 NP 问题更容易解决，同时任何 NP 问题都可归约为 NP-hard 问题。

下面是本附录要介绍的最后一个术语的定义：如果一个问题既是 NP 问题，又是 NP-hard 问题，那么它就是一个 NP 完全问题。

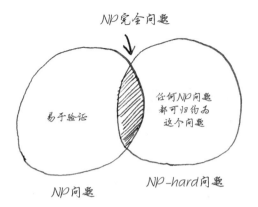

NP 完全问题：

❑ 难以解决（至少当前如此，如果有人能够证明 P = NP，NP 完全问题将不难解决）；
❑ 其答案易于验证。

任何 NP 问题都可归约为 NP 完全问题。

在这个附录中，我们定义了如下术语。

❑ 决策问题。
❑ SAT 问题。
❑ P 和 NP
❑ 归约。
❑ NP-hard。
❑ NP 完全。

但愿阅读这个附录后，当你再去查看讨论 NP 完全的资料时，能够对其中涉及的术语有更清晰的认识。

B.7　小结

❑ 如果一个问题解决起来很快，验证起来也很快，它就是 P 问题。
❑ 如果一个问题验证起来很快，它就是 NP 问题。NP 问题解决起来可能很快，也可能很慢。
❑ 如果对于每个 NP 问题，都可找到快速（多项式时间）的算法，那么 P = NP。
❑ 一个问题满足如下条件时，它就是 NP-hard 问题：任何 NP 问题都归约为这个问题。
❑ 如果一个问题既是 NP 问题，又是 NP-hard 问题，那它就是 NP 完全问题。

第 1 章

1.1 7 步。

1.2 8 步。

1.3 $O(\log n)$。

1.4 $O(n)$。

1.5 $O(n)$。

1.6 $O(n)$。你可能认为，我只对 26 个字母中的一个这样做，因此运行时间应为 $O(n/26)$。需要牢记的一条简单规则是，大 O 表示法不考虑乘以、除以、加上或减去的数字。下面这些都不是正确的大 O 运行时间：$O(n+26)$、$O(n-26)$、$O(n \times 26)$、$O(n/26)$，它们都应表示为 $O(n)$！为什么呢？如果你好奇，请翻到 4.3 节，并研究大 O 表示法中的常量（常量就是一个数字，这里的 26 就是常量）。

第 2 章

2.1 在这里，你每天都在列表中添加支出项，但每月只读取支出一次。数组的读取速度快，而插入速度慢；链表的读取速度慢，而插入速度快。由于你执行的插入操作比读取操作多，因此使用链表更合适。另外，仅当你要随机访问元素时，链表的读取速度才慢。鉴于你要读取所有的元素，在这种情况下，链表的读取速度也不慢。因此，对这个问题来说，使用链表是不错的解决方案。

2.2 使用链表。经常要执行插入操作（服务员添加点菜单），而这正是链表擅长的。不需要执行（数组擅长的）查找和随机访问操作，因为厨师总是从队列中取出第一个点菜单。

2.3 有序数组。数组让你能够随机访问——立即获取数组中间的元素，而使用链表无法这样做。要获取链表中间的元素，你必须从第一个元素开始，沿链接逐渐找到这个元素。

2.4 数组的插入速度很慢。另外，要使用二分查找算法来查找用户名，数组必须是有序的。假设有一个名为 Adit B 的用户在 Facebook 注册，其用户名将插入到数组末尾，因此每次插入用户名后，你都必须对数组进行排序！

2.5 查找时，其速度比数组慢，但比链表快；而插入时，其速度比数组快，但与链表相当。因此，其查找速度比数组慢，但在各方面都不比链表慢。第 5 章介绍了另一种混合数据结构——哈希表。这个练习应该能让你对如何使用简单的数据结构创建复杂的数据结构有大致了解。

Facebook 实际使用的是什么呢？很可能是十多个数据库，它们基于众多不同的数据结构：哈希表、B 树等。数组和链表是这些更复杂的数据结构的基石。

第 3 章

3.1 下面是一些你可获得的信息。

❑ 首先调用了函数 greet，并将参数 name 的值指定为 maggie。
❑ 接下来，函数 greet 调用了函数 greet2，并将参数 name 的值指定为 maggie。
❑ 此时函数 greet 处于未完成（挂起）状态。
❑ 当前的函数调用为函数 greet2。
❑ 这个函数执行完毕后，函数 greet 将接着执行。

3.2 栈将不断地增大。每个程序可使用的调用栈空间都有限，程序用完这些空间（终将如此）后，将因栈溢出而终止。

第 4 章

4.1
```python
def sum(list):
    if list == []:
        return 0
    return list[0] + sum(list[1:])
```

4.2
```python
def count(list):
    if list == []:
        return 0
    return 1 + count(list[1:])
```

4.3
```python
def max(list):
    if len(list) == 2:
        return list[0] if list[0] > list[1] else list[1]
    sub_max = max(list[1:])
    return list[0] if list[0] > sub_max else sub_max
```

4.4　二分查找的基线条件是数组只包含一个元素。如果要查找的值与这个元素相同，就找到了！否则，就说明它不在数组中。

在二分查找的递归条件中，你把数组分成两半，将其中一半丢弃，并对另一半执行二分查找。

4.5　$O(n)$。

4.6　$O(n)$。

4.7　$O(1)$。

4.8　$O(n^2)$。

第 5 章

5.1　一致。

5.2　不一致。

5.3　不一致。

5.4　一致。

5.5　哈希函数 D 可实现均匀分布。

5.6　哈希函数 B 和 D 可实现均匀分布。

第 6 章

6.1　最短路径的长度为 2。

6.2　最短路径的长度为 2。

6.3　A 不可行，B 可行，C 不可行。

6.4　1——起床，2——锻炼，3——洗澡，4——刷牙，5——穿衣服，6——打包午餐，7——吃早餐。

6.5　A 是树，B 不是树，C 是树。C 是一棵横着的树。树是图的子集，因此树都是图，但图可能是树，也可能不是。

第 9 章

9.1　A 为 8；B 为 60；C 为 4。

第 10 章

10.1　一种贪婪策略是，选择可装入卡车剩余空间内的最大箱子，并重复这个过程，直到不能再装入箱子为止。使用这种算法不能得到最优解。

10.2 不断地挑选可在余下的时间内完成的价值最大的活动，直到余下的时间不够完成任何活动为止。使用这种算法不能得到最优解。

第 11 章

11.1 要。在这种情况下，你可选择机械键盘、iPhone 和吉他，总价值为 4500 美元。

11.2 你应携带水、食物和相机。

11.3

第 12 章

12.1 可使用**归一化**（normalization）。你可计算每位用户的平均评分，并据此来调整用户的评分。例如，你可能发现 Pinky 的平均评分为 3 星，而 Yogi 的平均评分为 3.5 星。因此，你稍微调高 Pinky 的评分，使其平均评分也为 3.5 星。这样就能基于同样的标准比较他们的评分了。

12.2 可在使用 KNN 时给意见领袖的评分更大权重。假设有 3 个邻居——Joe、Dave 和意见领袖 Wes Anderson，他们给 Caddyshack 的评分分别为 3 星、4 星和 5 星。可不计算这些评分的平均值 $(3 + 4 + 5) / 3 = 4$ 星，而给 Wes Anderson 的评分更大权重：$(3 + 4 + 5 + 5 + 5) / 5 = 4.4$ 星。

12.3 太少了。如果考虑的邻居太少，结果很可能存在偏差。一个不错的经验规则是：如果有 N 位用户，应考虑 sqrt(N) 个邻居。

技术改变世界 · 阅读塑造人生

啊哈！算法

◆ 一本充满智慧和趣味的算法入门书
◆ 没有枯燥的描述，没有难懂的公式，一切以实际应用为出发点
◆ 通过幽默的语言配以可爱的插图来讲解算法
◆ 在轻松愉悦中掌握算法精髓，感受算法之美

作者： 啊哈磊

Hello 算法

◆ 动画图解、一键运行的数据结构与算法教程，GitHub Star 63.9k！
◆ 近500幅动画插图，近200段精选代码，助你快速入门数据结构与算法
◆ 内容清晰易懂、学习曲线平滑
◆ 附赠源代码、思维导图和书签

作者： 靳宇栋（@krahets）

Python 数据结构与算法分析（第 3 版）

◆ 只有洞彻数据结构与算法，才能真正精通Python
◆ 用Python描述数据结构与算法的开山之作
◆ 经典计算机科学教材，华盛顿大学、北京大学等多家高校采用

作者： [美]布拉德利·N.米勒，[美]戴维·L.拉努姆
　　　　[乌克兰]罗曼·亚西诺夫斯基
译者： 吕能，刁寿钧